Research on Probabilistic Airspace Congestion Management Based upon Uncertain Traffic Demand Prediction

基于不确定需求预测的概率空域拥挤管理方法研究

田文 著

人民交通出版社股份有限公司
China Communications Press Co.,Ltd.

内 容 提 要

本书根据国内外空域拥挤管理技术最新研究发展动态，从深化风险管理角度讨论了空域拥挤管理问题，构建了基于不确定交通需求下的概率空域拥挤管理原理和方法。全书共6章，重点研究了概率空域拥挤管理基本概念体系，提出了基于扇区交通需求不确定性的空域拥挤风险预测模型、基于局部优化和全局优化的空域拥挤风险解决模型，以及空域拥挤风险管理决策方法。

本书可为空中交通流量管理、空域管理等专业技术人员提供预测和管控方法参考，提高其对未来交通发展态势的认知，为其提前评价潜在的拥挤变化并及时调整实施管理策略提供理论依据和技术支持。

图书在版编目(CIP)数据

基于不确定需求预测的概率空域拥挤管理方法研究 / 田文著．—北京：人民交通出版社股份有限公司，2019.4

ISBN 978-7-114-15437-9

Ⅰ.①基… Ⅱ.①田… Ⅲ.①空中交通管制—研究 Ⅳ.①V355.1

中国版本图书馆 CIP 数据核字(2019)第 059391 号

书　　名：基于不确定需求预测的概率空域拥挤管理方法研究
著 作 者：田　文
责任编辑：吴燕伶
责任校对：刘　芹
责任印制：张　凯
出版发行：人民交通出版社股份有限公司
地　　址：(100011)北京市朝阳区安定门外外馆斜街3号
网　　址：http://www.ccpress.com.cn
销售电话：(010)59757973
总 经 销：人民交通出版社股份有限公司发行部
经　　销：各地新华书店
印　　刷：北京虎彩文化传播有限公司
开　　本：720×960　1/16
印　　张：8.25
字　　数：138千
版　　次：2019年4月　第1版
印　　次：2019年4月　第1次印刷
书　　号：ISBN 978-7-114-15437-9
定　　价：39.00元

作者简介

田文 (1981.01—)山东青岛人，博士，南京航空航天大学讲师，国家空管飞行流量管理技术重点实验室新技术研发室副主任。长期从事空中交通管理领域研究，并在空中交通系统规划管理与仿真技术，空中交通管理系统资源优化配置技术，复杂空域系统拥挤风险管理技术等方面取得较多成果。主持国家自然科学基金项目1项，省部级科技项目2项，参与空管行业科技项目30余项；获国防科技进步奖二等奖1项，中国航空运输协会民航科学技术奖二等奖2项，发表SCI(科学引文索引)、EI(工程索引)和核心期刊论文20余篇，申报国家发明专利10余项。

前言

随着航空运输业的飞速发展，空域系统的运行压力日益增大，运行环境多变复杂，不确定性因素对空中交通态势的影响日益突出。市场规模如此巨大、开发潜力无限的大环境，带给航空运输业的不仅是加速增长的空中交通需求、蓬勃发展的经济环境和千载难逢的发展机遇，同样亦是前所未有的挑战。鉴于我国航空运输业起步较晚，与欧美等航空运输发达国家相比，空域运行机制、空中交通管理理念、空管基础设施、配套服务系统等方面都存在较大差距，加之日益增长的空中交通需求压力，我国航空运输可用的空域资源日趋紧张，空域运行冲突加剧，空域拥挤现象频发。如果沿袭现有的空管运行体制、技术水平和管理方法，将无法应对日益严峻的空域拥挤问题，迫切需要针对我国空域拥挤的具体情况，从技术方法上提出行之有效的解决方法，缓解当前乃至未来一段时间内的空域运行压力。

尤其是随着基于航迹运行（Trajectory Based Operations，TBO）技术的不断发展，从不确定性角度缓解空域运行压力，逐渐成为欧美等航空发达国家近年来关注的热点之一，也是精细化、科学化研究我国空域拥挤问题的重要课题。传统做法主要是以航空器运动方程为依据确定每架航空器的运行轨迹，预测未来一段时间内每架航空器的位置，进而推算出各时段内通过某空域的航空器数量。此方式下的最终预测结果通常以确定性形式表现，无法准确量化需求预测不确定性的大小。而充分认知这种不确定性，进而提出更加符合运行需求的空域拥挤管理策略，更符合未来 TBO 运行需求。

本书在充分考虑实际运行中影响航空器运行因素的不可预测性、不确定性与动态性的基础上，构建了新型交通需求预测方法，以实现交通需求预测的粒度更细致、结果更精密、分析更多元，进而把握整个交通运行环境的随机性；同时，将风险预测、风险解决和风险管理决策融入空域拥挤缓解过程中，通过整合空中交通流量的预测与调配过程，初步建立了一套较为完整的概率空域拥挤管理理论方法。本书可为空中交通流量管理、空域管理等专业技术人员提供预测和管控方法参考，提高其对未来交通发展态势的认知，为其提前评价潜在的拥挤变化并及时调整实施管理策略提供理论依据和技术支持。

全书共分六章。第1章绪论：介绍研究背景、国内外现状、研究目的和意义、主要创新点等。第2章概率空域拥挤管理研究基础：介绍了概率空域拥挤管理所涉及的概念要素体系，阐述了概率空域拥挤管理的基本原理。第3章空域拥挤风险预测研究：分析了影响需求预测不确定性的主要因素，提出了扇区概率需求预测模型以及空域拥挤风险预测模型。第4章基于局部优化的空域拥挤风险解决研究：将空域拥挤风险预测模型引入空域拥挤风险解决机制中，提出了基于局部优化的空域拥挤风险解决模型，讨论了高维多目标优化的非劣分类遗传算法的改进算法(NSGA2)在空域拥挤风险解决方案初次优化过程中的应用。第5章基于全局优化的空域拥挤风险解决研究：从空域运行全局出发，研究整体交通流均衡运行问题，提出了基于全局优化的空域拥挤风险解决模型，并通过设计空域拥挤风险管理决策方法，将空域拥挤风险预测、风险解决过程融合到风险评价过程中，实现了整个目标空域的拥挤缓解。

在本书撰写过程中，笔者得到了来自诸多良师益友的帮助与指导。首先，由衷感谢我最敬爱的导师南京航空航天大学民航学院胡明华教授！胡明华教授对本书的成稿提出了诸多具有指导性和方向性的关键建议，尤其是本书的研究方向、技术路线、理论创新等方面，提供了大量宝贵、细致、富有建设性的意见，没有胡老师的无私帮助就没有本文的研究成果。感谢我所在的南京航空航天大学国家空管飞行流量管理技术重点实验室新技术研发室的科研团队，感谢我的工作伙伴张洪海教授、刘暐副教授、羊钊副教授、刘继新副教授，以及胡彬、李桂毅、杨磊、叶博嘉等老师，张晨、张进、叶博嘉、杨尚文、李印凤、尹嘉男、马园园等博士同学，为本书的关键技术问题提供了大量有益的参考建议。

鉴于笔者的学识与水平，书中难免存在错漏之处，恳请国内外专家、学者和读者朋友指正(tw1981@nuaa.edu.cn)！

田　文

2019年3月

目录

第1章
绪　论

1.1 研究背景

我国国民经济建设的蓬勃发展和改革开放事业向纵深层面的发展，带动了航空运输业的快速增长。民用航空(以下简称“民航”)方面，发展成效显著：最近二十年，民航运输总周转量以年均约17.5%的速度递增，客座率和货运量逐年提高；2005年，我国航空运输总周转量跃居世界第二位，标志着我国步入民航发展大国行列；2010年，我国机场旅客吞吐量升至56431.2万人次，完成货邮吞吐量1129.0万t，飞机起降架次达553.2万架次，与上年同比分别增长了16.1%、19.4%和14.3%[1]；2020年，我国民航预计将实现运输总周转量1400亿t·km以上，旅客运输量超过7亿人次[2]。国民经济的发展为我国航空运输业的发展带来了机遇，尤其是民航运输事业日益壮大，空中交通需求不断攀升。市场规模如此巨大、开发潜力无限的大环境，带给航空运输业的不仅是加速增长的空中交通需求、蓬勃发展的经济环境和千载难逢的发展机遇，同样亦是前所未有的挑战。鉴于我国航空运输业起步较晚，与欧美等航空运输发达国家相比，空域运行机制、空中交通管理理念、空管基础设施、配套服务系统等方面都存在较大差距，加之日益增长的空中交通需求压力，我国航空运输可用的空域资源日趋紧张，空域运行冲突加剧，空域拥挤现象频发。导致空域拥挤的主要原因有以下三个方面。

一是空域资源供需关系的不平衡性导致了空域拥挤问题。从空域拥挤问题本身看，空域可用资源无法满足空中交通需求是造成拥挤的主要原因：一方面，空中交通需求增幅巨大，且分布不均。由于我国各地区的经济发展不平衡，造成民航运输业务量分配不均匀，民航运输业务主要集中在东部沿海等经济较为发达的地区。大城市密集度较高，尤其是北京、上海、广州三大地区，其中2010年三大城市机场飞机起降架次为117.9万架次，占全国机场总起降架次的21.3%[1]；华北、华东和中南地区成为我国民航运输最繁忙的地区。随着空中交通需求压力的不断增加，对空域资源需求的加速增长及分布不均性使空域资源管理面临着日趋繁重、艰巨的调配任务，空域拥挤的问题日益突出。另一方面，在不断增长的交通需求下，目前民航能够充分使用的空域资源却相对有限，制约了空域资源的开发和利用。这种空域资源的有限性使原本已经较为繁重的空域资源调配任务进一步加重，空域资源的供需不平衡性进一步加深，空域拥挤问题进一步突出[3]。

二是空域拥挤管理机制有待发展。科学高效的空域拥挤管理是解决空域拥挤问题的有效途径，主要包含空域管理与流量管理以及两者的协同调配。在空域管理方面，我国空域管理体制虽然处于不断推进的改革进程当中，但仍相对滞后于民航经济发展：空域结构规划相对固化，空域使用方式缺乏灵活性，空域管理机构之间职能分工相对分离，尚未形成协同的空域管理方式，造成从空域运行机制出发来提高可用容量的难度较大。在流量管理方面，虽然近年来随着民航经济的不断发展，流量管理理念和方式逐渐被业内认同并推广，但是由于我国目前的流量管理建设仍处于探索阶段：流量管理信息交流不畅、资源共享困难、公平性难以实现，尚未形成当前航空发达国家主流的协同决策管理机制，粗放型、本地化的管理方法仍占主导地位，实现精细化、集约化、协同式的流量调配管理任重道远[4]。因此，在我国的空域管理与流量管理机制发展相对滞后的情况下，空域拥挤问题发生后的调配难度较高，造成的拥挤随着空中交通需求的不断增长有进一步扩大和蔓延的趋势。

三是空域拥挤管理决策支持系统有待完善。空域拥挤管理的有效实施离不开相关配套软硬件环境的有力配合。但是，由于我国民航的空中交通现代化管理仍处于发展阶段，虽然近几年不断引进国际先进技术设备，但是由于发展时间较短，技术水平仍处于相对落后状态，目前主要还是依赖管制指挥人员的操作水平和调配经验解决空域拥挤，尚未形成一整套与高交通需求相匹配的空域拥挤管理决策理论、方法和策略，缺乏满足实际运行需要的、功能完善的决策支持系统和相关工具。因此，我国空域拥挤管理效率较为低下，缺乏系统性、前瞻性、动态性和实时性，空域拥挤问题愈发严重，影响空中交通安全、高效、顺畅运行。

综合以上三点原因可知，随着我国民航运输事业的进一步发展，空中交通需求压力进一步加大，如果沿袭现有的空管运行体制、技术水平和管理方法，将无法应对日益严峻的空域拥挤问题。因此，迫切需要针对我国空域拥挤的具体情况，从运行体制、发展趋势和技术方法等方面提出行之有效的解决方法，缓解当前乃至未来一段时间内的空域运行压力。但是，由于前两点原因中，空域资源供需的不平衡性属于宏观经济战略发展问题，空域拥挤管理机制受制于体制问题，短时间内尚无法有效转变当前形势；而依靠研究空域拥挤管理理论和方法，完善第三点中所提的空域拥挤管理决策支持系统，精细化运行管理过程，不失为当前较为有效的可行之计。

因此，为了研究空域拥挤管理理论，首先，需要明确两个方面的问题：一方面，运行层面的空域拥挤管理主要通过对一定空域范围内交通流进行优化调配，降低空域运行压力，实现空域资源供需平衡，这说明空域拥挤管理离不开空中交通管理；另一方面，空域拥挤管理的对象是交通流，涉及相对较大的时空范畴。其次，从空中交通管理所包含的空中交通流量管理、空中交通服务和空域管理三大功能出发可知：空中交通服务关注空域运行基层，以航空器对为主要对象，在局部空域内为航空器之间配备安全间隔；空域管理聚焦空域规划设计、运行管理和评估监督，满足不同空域用户的使用需求；空中交通流量管理侧重空域运行全局，以多航空器聚合组织下的交通流为对象，从宏观上掌控交通流分布和变化，提供保证空中交通高效运行、提高空域使用效率的协同规划策略。由此可知，空中交通服务以战术层面的实时微观控制为重，空域管理以战略层面的规划为主，而空域拥挤管理的范畴较为宏观，且以空中交通流为主体。所以，综合上述空域拥挤管理两方面问题以及空中交通流量管理的功能内涵，本书将选择空中交通流量管理为空域拥挤管理的立足点，这样可以通过研究空中交通流量管理理论，从宏观范畴研究掌控空域运行状态及其变化机理，进而为空域拥挤管理提供相应的理论模型、解决方法和实施策略。

在空中交通流量管理的基础上，要实现空域资源科学管理与合理配置的前提之一是准确、客观地预测交通需求。根据当前空域拥挤管理运行实际，主要通过基于航迹推测的需求预测方法实现，即以航空器运动方程为依据确定每架航空器的运行轨迹，预测未来一段时间内每架航空器的位置，进而推算出各时段内通过某空域的航空器数量。此方式下的最终预测结果通常以确定性形式表现，即一定预测时间尺度下空域中所对应的交通需求预测结果是一个确定的数值。这种确定性的预测结果虽然在一定程度上可以满足空域拥挤管理需求，但是却存在若干不足：首先，尽管在预测过程中可能考虑了航空器运行过程中诸多不确定因素对预测结果的影响(例如，非计划内的航班取消、进离场时间改变等随机事件对航空器运行时间造成的偏差，天气原因造成的航班飞行路径或高度非计划内改变等)，这种确定性预测结果的表示方式却在一定程度上无法充分体现出不确定性因素的实际影响及其程度；此外，随着预测时间尺度的不断增加，由于预测模型、输入数据等客观原因，确定性结果的精确性就会随之下降，那么这种精确性的损失程度也无法体现在预测结果中。

基于上述确定性交通需求预测方式，传统的空域拥挤管理方法通常是从某空域在一段时间内的交通需求入手，通过比较确定性的需求预测结果与空域可用容量，判断此空域所能提供的服务能力能否满足空域用户的要求。如果交通需求超出空域容量限制，就认为该空域在这段时间内发生了拥挤，应当采取相应的空域拥挤管理措施，通过对交通流实施优化调配，从空间和时间上调整交通流分布，使交通需求与空域容量相平衡，解决空域拥挤问题[5]。虽然该方法在理论上实现了空域拥挤缓解，但从实际运行角度而言，传统方法侧重于实施策略成本和效能分析，而对空域拥挤的预测与判断较为简化，同时在一定程度上忽略了空域拥挤本身在评价、管理、缓解、监控等过程中不确定性因素的介入与影响，较易造成预测到的拥挤与空域实际运行状况不符、所采取的拥挤管理策略较难精确契合空域运行态势等问题，导致最终提出的空域拥挤管理策略无法全面满足空域运行管理的安全、经济和效益等目标的要求。

因此，为了弥补传统空域拥挤管理方式的不足，本研究从另一个角度出发，认为提高空域拥挤管理策略的性能不一定必须通过提高需求预测的准确性来实现，也可以从把握需求的不确定性量级和特征、量化需求预测不确定性的大小来实现，给出不确定性的交通需求预测结果，即一定预测时间尺度下空域中所对应的交通需求预测结果包含数值及相应的概率分布。由于实际运行中影响航空器运行的因素充满了不可预测性、不确定性与动态性，尚无法完全依靠数学模型将其转化到确定性的预测结果中，而量化这些不确定因素对交通需求影响的后果，把握整个交通运行环境的随机性，对于提高其后所实施的空域拥挤管理策略而言，不失为一种更加合理的选择。

从交通需求预测的不确定性分析出发，空域拥挤管理也相应发生了变化，引入了空域拥挤风险管理理念，即基于不确定性的交通需求预测建立概率空域拥挤管理策略，也就是说，对不同时间尺度下空域拥挤赋予风险概率，通过持续监控、风险分析、流量管理等手段，从不确定性角度出发，在平衡空域运行经济性、安全性、高效性等目标的同时，将空域拥挤风险概率保持在可接受的范围内，从而降低空域运行压力。这种方法可以从不确定性角度重新审视空域运行状态，评估空域可用资源与用户所需服务之间的匹配状况，提出空域拥挤风险管理方法和机制。同时，所提的空域拥挤风险管理方法和机制要求不再单纯通过优化交通流的时空分布，将需求保持在容量之下来解决拥挤，而是综合空域运行中若干不确定因素，考虑交通运行负荷风险与运行成本之间的平衡，并允许一定的超负荷运行状况的出现，从而使其更贴近运行实际要求。由于交通需求预测不确定性分析能更为切实、精确地反映交通需求状况，概率空域拥挤管理能更符合空中交通管理对动态性、随机性的要求，因此提出适合我国国情的交通需求预测方法，并以此为基础，建立较为完善的空域拥挤管理理论体系，是需要解决的热点课题之一。

1.2 国内外研究现状

空域拥挤管理直接来源于实际的空域运行状况和交通管理问题。20世纪60年代,随着欧美等航空发达国家的空中交通业务量持续发展到一定水平,空域拥挤问题逐渐凸显,造成日益严峻的航班延误,引发了当时空中交通管理部门的关注,并着手进行空中交通流量管理的研究。随着经济、技术的不断进步,时至今日,空域拥挤管理相关领域的研究日趋成熟,并根据设备水平、管制规则、飞行理念的革新,在各领域中不断提出与之相匹配、具有前瞻性的空域拥挤管理方法与策略。但是,由于我国的空管事业尚处于成长发展阶段,在管理体制、运行方式、实施手段、设施配置等方面发展尚未成熟,同时由于空管行业本身独具的本国特性和国防、空防等安全性要求,如果照搬国外的相关管理方法和运行技术既不科学、也不现实。因此,以本书的研究内容为立足点,需要从交通需求预测和空域拥挤管理两方面,深入分析解构欧美等航空发达国家与我国的空域拥挤管理研究发展现状。

1.2.1 国外概况

1.2.1.1 交通需求预测

从20世纪90年代以来,随着交通运行环境的复杂化、智能化、动态化不断加深,原有静态性、确定性的交通需求预测方法已经渐渐无法适应不断增加的流量管理优化需求,很多学者逐步认识到空中交通系统中的不确定性特征,并对其进行了一定研究,研究主要集中在航迹推测不确定性和进、离场以及到达时间不确定性两方面:1994年,VANDEVENNE H和LIPPET M A认为航空器到达某机场服从泊松过程分布,并计算由于着陆航空器约束所引发的平均延误[6];1998年,WILLIAMS D H和GREEN S M针对管制自动化辅助决策系统的航迹推测及处理功能,通过飞行评估研究,总结出导致该系统航迹预测产生误差的四个主要原因[7];1999年,PUJET N和DELCAIRE B等人对机场的离场运行,利用排队模型对其特征进行了描述[8];2001年,EVANS J E研究了天气预测对交通流影响的不确定性问题[9];2002年,MULLER K T和SORENSEN J A等人从航迹预测不确定性出发,对明显的侧向偏移和垂直偏移所造成的航迹预测变化进行了讨论[10];同年,MULELLER E R和CHATTERGI G B研究分析了航空器的离场、航路和到达延误分布的特点[11]; KROZEL J通过解构航空器的航路飞行过程,详细研究了导致其飞行不确定性的误差原因[12]；2003 年，SWIERSTRA S 和 GREEN S M 等人研究了不确定因素在航迹推测过程中的作用效果，重点分析了航空器性能参数在起降阶段飞行轨迹的推断过程中的重要作用[13]；2004 年，GONG C 和 MCNALLY D 通过分割航段处理，对大约 2700 架进离场和飞越航班进行了航迹推测和统计，完成了不同预测时间范围内推测航迹与实际航迹的比较分析[14]；2006 年，LYMPEROPOULOS I 等人分析了不同运行模式下各种航空器起飞轨迹的作用形式，构建了起飞阶段航迹预测模型，并基于实际雷达数据进行了仿真验证[15]。

随着航迹推测不确定性研究和进、离场以及到达时间不确定性的不断深化，人们逐渐认识到诸多交通需求预测中的不确定性因素是影响交通流量管理的重要条件，对交通需求预测的影响将随着预测技术与工具的发展而日益显著，这就使人们越发认识到从不确定性角度进行需求预测分析对提高交通流量管理的重要性，并在空中交通系统不确定性特征研究的基础上，向范畴更广、应用更贴近实际运行的不确定性交通需求预测领域展开了深入探讨。

在美国的增强型交通管理系统（ETMS）中，其扇区符合预测中仅包含了对不确定性的粗略估计，基于全部航空器是否处于空中飞行状态划分告警等级。这种方法基于如下假设：在影响需求预测的诸多不确定性因素中，离场时间的不确定问题是最主要的原因。虽然此方法可以对空中交通运行环境进行等级划分，但是却没有涉及不确定性的实际度量问题[16]。

2002 年，LARRY A M 认为当前需求预测方法使用的是单架航空器的位置预测作为预测需求中的精确值，属于确定性方法；但是交通需求预测是以全体航空器利用空域资源数量为基础的，因此通过概率方法，也就是利用的不确定性对全体航空器交互作用下对系统的需求进行建模更为优越，还建立了求取交通需求预测的概率方法，并针对机场到达率问题，利用 Monte-Carlo 仿真机场交通需求的不确定性进行了较为科学的估计[17]。

2002 年，MULLER K T，SORENSEN J A 和 COULURIS G J 围绕战略阶段航空器航迹预测的不确定性，开发和实现了战略航迹预测中各种组成因素的不确定性模型，利用 Monte-Carlo 仿真技术对预测误差建立基于与线性控制反馈相结合的线性误差协方差分析模型，并开发实现了统计扇区交通负荷模型，避免了利用实际交通数据的困难，同时可以通过控制因素分布来对可能未来运行环境的改变进行仿真，并由此评价降低元素不确定性的潜在收益[18]。

2002 年，SRIDHAR B 等人指出聚合动态随机模型的不足，认为基于泊松分布的离场流设定忽略了枢纽机场中离场航空器数量变化明显的实际，并将该模型拓展到随时间变化上，取代原有模型只有一个转移矩阵的条件，建立多个转移矩阵，用以描述整个预测时间的交通需求，并利用标准状态协方差传播模型得到不确定区间[19]。

2003 年，ROY S、SRIDHAR B 和 VERGHESE G C 等人针对传统方式下对航空器航迹预测进行流量调配的不确定性因素，充分意识到流量调配方式中固有的、不可避免的不确定性和复杂性，汲取前面已有的研究成果和经验，认为必须对交通需求预测的不确定性进行量化。最后，建立了基于泊松分布的聚合交通流动态随机模型，并从实际运行角度出发，提出了新构想，将该模型拓展为分层模型和随机扰动因素模型[20]。

2003 年，WANKE C R，CALLAHAM M B 等人指出上述方法中的不足，认为基于航迹预测的需求分析虽然避免了利用实际交通数据的困难，但是却很难开发出在广义交通环境下使用的通用仿真模型，且成本很高。于是，基于协同航路决策工具(Collaborative Routing Coordination Tools，CRCT)下对航班预测值与实际值进行误差分析，发现需求预测的不确定性其实是提前预测时间(Look-Ahead Times，LAT)、扇区运行方式以及航班数量的函数，并通过对比分析，发现其中潜在的数据关联和作用机理。通过扇区聚合交通流模式，在较小条件集合下提取需求预测的不确定性特征，对其进行了量化[21]。

2003 年，MENON P K，SWERIDUK G D 和 BILIMORIA K D 等人根据地面交通中对聚合交通流的研究，采用欧拉模型，从空间上汇聚空中交通流，用以在相互关联、一维控制体的网络中生成交通流模型。由于对应的空域模型的量级只依赖于用于表示空中交通环境的空间控制体的数量，而不依赖于运行其间的航空器数量，因此该方法简化了空中交通流特征把握问题，同时还基于准稳态假设，在空中交通运行环境下构建了交通流线性模型，从而表明线性控制理论中的分析设计方法可以应用于此模型，从而利用有效的方法把握空中交通流特征并对其加以控制[22]。

2003 年，WANKE C R 等人又指出上述研究中由于采用了聚合交通流模式，将所有不确定性因素聚合在一个较小的集合范围内，因而无法把握需求预测不确定性的种类并对其进行度量；此外，由于分布仅反映了高峰值状况，所以难以对特定交通环境进行具体描述，因此不能用于特定交通流或单架航空器的预测。因此，提出改进算法，对交通流需求预测的不确定性重新建模，通过对交通特征进行经验观察，建立需求预测的误差分布统计模型，并用于特殊交通样本下的 Monte-Carlo 仿真[23]。

2005 年，GRABBE S 和 SRIDHAR B 对已有的欧拉方法和聚合交通模型方法进行了对比研究，对两种算法模型在提高系统运算效率、降低模型维度等方面的优势进行了分析，认为新方法可以更好地把握空中交通流的整体动态特性[24]。

2007 年，GILBO E 和 SMITH S 对增强型交通管理系统（Enhanced Traffic Management System，ETMS）在预测交通需求与容量过程中的不确定性缺陷进行了分析，指出 ETMS 的确定性分析模式并没有考虑预测粒度更小下的误差问题，并提出了一个回归模型用于改进聚合交通需求预测过程，提高了空中交通需求预测的精确性、稳定性和可靠性[25]。

2009 年，GILBO E 和 SMITH S 又利用交通流量管理数据，分析了聚合交通流在机场终端区中的预测不确定性问题，并提出了一种新的概率需求预测方法，通过对每架航班的到达时间进行预测，进而获得聚合交通流的概率分布，同时指出该方法的关键在于对聚合交通流预计到达时间的预测。聚合交通流作为一系列具有预计到达时间的航班集合，在一定的时间区间内，这些时间分布具有一定的随机性特征[26]。

2010 年，SUN D 和 SRIDHAR B 等人利用聚合交通流的线性时变特性，提出了聚合交通流管理模型，并通过两阶段方式，首先解决了聚合模型作为约束条件时的系统动态性问题，然后建立了详细的离散算法，将基于聚合流的优化过程转化为基于控制策略的优化过程[27]。

2011 年，GILBO E P 等人指出，美国联邦航空局（Federal Aviation Administration，FAA）当前仍是依靠确定性的决策支持工具比较交通需求预测值与容量，并未考虑预测的随机性本质，提出了一种全新的分析方法，将航班进入扇区时间和在扇区中飞行时间的不确定性特征引入扇区需求预测过程[28]。

1.2.1.2 空域拥挤管理

与不确定交通需求预测研究相匹配，引发了空域拥挤管理理念的变革，有学者在此不确定需求预测的基础上提出了概率空域拥挤管理的概念，主要研究成果如下：

2003 年，ROY S 和 SRIDHAR B 认识到聚合交通流方法在运行实践上的宏观性优势，以及计算成本上的便利优势。因此，以聚合交通流动态随机模型为基础，结合空中交通流量管理的实际，从运行成本和系统恢复角度出发，建立了两个线性规划模型，实现用于减轻约束的最优策略以及恢复受到已有约束限制的系统，并通过实验证明可以推广到国家空域系统的实际战略管理过程中，为其提供决策技术支持[29]。

2007 年，HOFFMAN R 等人从容量不确定性角度，建立了战略流量概率决策管理方法，并利用两阶段的随机线性规划模型，确定了多种路径选择下的流量分配策略，建立了基于恶劣天气事件的空域拥挤管理决策模型[30]。

2008 年，LIU P B，HANSEN M 等人利用伪 F 统计方法，建立了全新的概率容量模型，对不同天气条件下的机场容量实施统计评估，在此基础上，从单机场地面等待问题的随机性出发，完善了不确定容量约束下的地面等待模型[31]。

此外，美国麦特公司的 WANKE C 所带领的研究团队，在 2006—2009 年对概率空域拥挤问题进行了一系列较为系统的研究：2006 年，MULGUND S 等人建立了基于遗传算法的空域拥挤管理方法，通过遗传算法生成地面等待、改航等优化策略，用于优化国家空域系统的性能概率指标，平衡空域载荷和拥挤概率[32]；在此基础上，SOOD N 和 MULGUND S 等人在 2007 年开发出一种混合多目标遗传算法，为空域拥挤提供更为有效的解决方法，实现拥挤程度、延误成本、公平性分配等多种运行目标的平衡[33]；同年，DEARMON J 等人提出了通过概率树方法，对空域拥挤风险解决决策的实施时间和实施策略进行决策优化，但并未建立完整的理论模型[34]；与此同时，WANKE C 和 GREENBAUM D 又提出了一种新的、增量式决策方法，将此预测的不确定性明确用于开发有效的、效率高的拥堵解脱策略，决策的制定基于期望延误成本分布的量化评估，解脱策略针对特定航班而非交通流实施，对所用方法开发了大规模并行仿真，并从运行比例上给出了拥堵问题的实验结果[35]；2008 年，综合上述研究基础，TAYLOR C 和 WANKE C 等人在已有模型基础上，通过建立优先级标准分类，综合拥挤程度、总系统延误、受影响范围、延误公平性等目标，优化了基于多目标遗传算法下的概率空域拥挤管理理论模型、仿真分析和应用策略[36]；2009 年，ZOBELL S 和 WANKE C 等人从运行角度出发，结合拥挤预测、流量管理过程中的不确定性问题，对美国国家空域系统中进行概率空域拥挤管理的构想进行了全面、系统的阐述[37]。

综合国外基于不确定需求预测的概率空域拥挤管理的研究现状分析可以发现，其尚存在两方面的不足：

一是由于不确定需求预测理念的提出时间比较短，当前国外研究机构的大部分工作仍停留在经验研究的层面，主要针对交通需求预测的不确定现象进行分析，尚未展开从实际运行出发，对交通需求预测的不确定性问题给出系统、全面、完整的量化模型和统计分析过程。

二是由于概率空域拥挤管理也是近几年最新提出的空中交通管理概念，因此国外的研究也主要集中在概念的提出、管理框架的设想和构建上，并未建立系统、完善的概率空域拥挤管理方法和模型。虽然在确定性空域拥挤管理方面，欧美等航空发达国家已有了显著的成果，但是如何将此问题从确定性层面拓展到不确定性层面，如何将不确定性理论、探测性数据分析、风险管理等融合到新的概率空域拥挤管理中，仍是一个非常复杂的课题。

1.2.2 国内概况

随着我国空中交通管理技术的飞速发展,国内在交通需求预测和空域拥挤管理方面取得了一定的成果,而如何基于现有的交通需求预测工具对交通需求的不确定性问题进行客观、全面的评价,如何将国外较为先进的需求预测与空域拥挤管理理念引入我国的空域拥挤管理当中,目前的研究成果较少。

1.2.2.1 交通需求预测

相对于欧美国家来说,我国对不确定需求预测的研究较少,近年来,仍主要集中在传统方式下空中交通流量预测的理论建模和技术开发两方面。

理论研究层面,以战略级和战术级交通需求预测为主要研究对象。战略级交通需求预测首先应用于地面交通领域,并逐渐发展成熟,包括基于线性系统理论的方法[38-39]、基于知识发现的智能模型预测方法[40]、基于非线性系统理论的方法[41-42]和基于组合的预测方法[43]等,并逐渐推广到空中交通领域[44-45]。战术级交通需求预测主要应用在空中交通领域:2000 年,王大海和苏彬等人解构了终端区内四维导引下高度剖面与速度剖面的生成模型,并利用计算机仿真进行了实现[46-47];2001—2003 年,徐肖豪等人针对航迹推测问题进行了理论建模研究,提出了多种数学模型相结合、互适应下的航迹推测算法[48-51];与此同时,刘玉梅等人在最小二乘估计原理的基础上,提出了飞机流量推测模型的构建原理和主要框架[52];2005 年,崔德光等人在改善人工神经网络在泛化性能不足的同时,将回归预测方法与人工神经网络预测相结合,提出了集成两种方法优点的空中交通流量预测过程,使空中交通需求预测更加精确[53];同年,彭瑛、胡明华等人基于大圆航迹和等角航迹原理,针对区域级空中交通流量管理现实问题,提出了可以持续自我校正的动态航迹推测方法,并通过了中南地区空管局广州区域的实际运行与验证工作[54];2007 年,郭运韬等人在探讨飞行轨迹模型结构组成与系统研制关键技术的基础上,初步构建了航空器航迹预测仿真与实验系统[55];2008—2010 年,瞿英俊和殷允楠在动态航迹推测方法的基础上,先后研究了交通需求预测过程中的随机因素,初步探讨了造成交通需求预测不确定性的主要原因,为交通需求预测过程中的随机性因素分析奠定了一定基础[56-57];2011 年,田文、胡明华针对空域扇区范围内的交通需求随机性变化规律进行了探索,并在战术运行层面,建立了概率交通需求预测模型,为进一步深入研究空中交通需求预测的不确定性及其量化问题分析开拓了新的思路[58]。

技术开发方面,国内若干科研院所在空中交通流量的统计、预测、评估和仿真等方面取得了一系列较成功的、产学研用相结合的科研成果。2005年,中国民航大学徐肖豪教授带领其团队设计并开发了流量统计与预测系统,实现了给定时空范围内空中交通流量的统计与预测,并以历史数据为依据,分析了国家级和区域级等大范围空域在未来较长时间内的流量分布与发展变化态势[59]。同年,中国民航局(时为中国民航总局)空中交通管理局组织相关高校和科研院所,共同研制了空域管理与评估系统,该系统将数学分析模型(如趋势曲线模型等)和预测优化算法(如平滑预测法)等纳入计算机仿真运行过程中,并基于全国航班实际运行数据,对国家、区域、机场和城市对航线的空中交通流量进行了统计、分析和预测。2006年,西北工业大学的由嘉等人设计了用于战术层面的空中交通管制实时决策支持系统,通过运用决策支持理论、神经网络、模糊神经网络、数据库挖掘等技术,实现了空域流量预测、空域状态识别、冲突解脱方案和决策生成等主要功能[60]。同年,清华大学崔德光教授带领其团队研究了空中交通流量预测问题,开发了相应的管理系统,为华北空管局在本地区开展空中交通的科学管理提供了决策支持工具[61]。2010年,由南京航空航天大学胡明华教授及其团队自主开发的中南地区空中交通流量管理系统(三期)投入试运行,并利用其流量统计与预测子系统,对亚运会期间中南地区的空中交通流量进行了统计、预测与分析。

1.2.2.2 空域拥挤管理

针对空域拥挤问题,从20世纪90年代开始,我国主要在空中交通流量管理方面展开了关键技术和试验应用的研究与开发。

理论研究方面,主要内容涉及地面等待策略、终端区排序、改航等多个领域,研究概况如下[62-67]:在地面等待策略方面,国内研究从单机场地面等待问题入手,建立了确定容量和随机容量条件下的多元受限地面等待模型、离散时间系统模型、事件驱动型单机场地面等待模型等,建立了一系列与之相匹配的优化算法,诸如启发式和专家系统相结合的流量管理算法、改进的序号编码遗传算法、动态排序算法、分段排序法和定步长排序法等。随后,将单机场问题拓展到多机场层面,在多机场地面等待问题研究中,建立了地面等待管理系统模型、多元受限航班时刻优化模型、基于地面等待的流量管理整数规划模型、基于航班取消的多机场地面等待策略数学模型、确定和随机容量条件下的多元受限地面等待模型等,提出了相应的优化算法。在终端区排序方面,国内研究提出了一系列模型和算法,包括在飞行段和汇聚过程中排序和冲突解决模型、多条跑道多架飞机排序的数学模型、基于飞机类型等因素的机场流量分配模型、进近排序及优化调度模型、线性规划下的到达航班流预计着陆时间优化模型,以及被动空中交通流量管理中的动态排序算法、终端区航空器模糊综合评判排序算法、基于滑动窗和机场降落/起飞混合流量的排序算法、特定于飞机着陆调度问题的优化排序算法、优先权和最早预计到达时刻为基础的排序算法等。在改航策略方面，国内研究主要围绕危险天气、航路变更等条件下，从航空器路径避让、延误损失最小、临时航路利用等方面，建立了理论模型和优化算法，包括航路变更条件下的动态网络流模型、适应性空中交通网络模型、多航空器改航方案模型、多任务动态网络流模型，以及航班优先级下的启发式搜索算法、人工智能遗传算法等。

技术开发方面，南京航空航天大学与中南空管局、西南空管局和大连空管站合作，先后开发了“中南地区流量管理系统”“西南地区流量管理系统”“大连流量管理系统”和“华东地区航班时刻优化系统”；中国民航大学开展了流量管理应用技术研究，并与中国民航厦门航务管理站、中国民航华东地区空中交通管理局合作研制了“空中交通流量监控网络系统”和“上海情报区空中交通流量试验系统”。

总体而言，国内在空域拥挤管理方面的研究，主要还是集中在通过交通需求预测和流量管理，实现空域运行压力缓解，进而解决空域拥挤问题。在空域拥挤管理领域，特别是概率空域拥挤管理方面，尚处于初步探索阶段。2009 年至今，南京航空航天大学在此问题上展开了一系列的研究，取得了初步成果：2009 年，初步探讨了空域拥挤管理过程中管制员的负荷问题，可以为概率空域拥挤管理过程中生成策略的运行安全性目标研究提供基本的分析借鉴依据[68-69]；2010 年，针对概率空域拥挤管理过程中所需考虑的随机性、经济性、效率性等目标进行了一定研究，可以为深化、完善概率空域拥挤管理过程中的交通流调配策略制定提供理论基础[70]；同年，针对空域拥挤管理过程中交通流调配策略的优化进行了初步探讨，为下一步进行概率空域拥挤管理各阶段的策略优化、算法实现等研究打下了理论基础，并提供了技术实现保证[71]；2011 年，采用风险预测模型和解决模型预测可能产生空域拥挤的时段、提出不同时段的实施流量管理策略，基于风险损失成本模型给出了不同时段调整拥挤的运行成本，通过比较运行成本和空域拥挤风险管理决策方法确定出解决空域拥挤的较优时间点，为风险分析与空域拥挤管理理论的融合提供了初步方法[72]。

综合国内外已有的研究成果可以发现，虽然从需求预测、风险分析、拥挤解决等角度对不确定性的空域拥挤管理问题进行了探讨，但是尚未建立较为完整的理论系统和论证过程，所提模型大都处于研究进程中，尚未充分分析交通需求不确定性对空域运行状态和交通流量分布的影响，缺乏较为精确的流量管理措施实施时间、决策界定等细节的分析和方法构建，因此还不能有效地预测空域拥挤，尚未形成全面、科学、系统的概率空域拥挤管理模型、方法和策略。同时，不同的交通需求预测工具、不同的空域运行环境和管制规则都会对交通需求预测的不确定性产生较大影响，如果照搬国外的交通需求不确定性量化和概率空域拥挤管理方法，可能造成理论模型、实施策略与我国空域运行实际之间的偏差。因此，如何将国外先进研究成果引入我国的实际运行问题中，是进行空域拥挤管理研究中需要重点关注的问题，也是本书研究的主要内容。

1.3 研究目的和研究意义

1.3.1 研究目的

在国内外已有研究成果基础上，为了进一步完善空域拥挤管理理论，本书提出了一套较为完整的、基于不确定需求预测的概率空域拥挤管理模型理论和方法策略，旨在：

(1)准确预测不同空域范围、不同时间尺度下的交通需求，避免传统交通流量管理研究中需求预测过于简化的问题，从实际运行角度，建立有效、科学的交通需求预测机制，为交通流量管理人员提供可靠的数据支持，从而更加全面地把握未来一定时间内空域交通需求变化。

(2)基于我国已开发的交通需求预测与流量管理工具，为交通流量管理人员提供更符合实际运行的空域拥挤管理方法、理念和决策支持，改变当前流量管理运行实际中仅依靠管理人员的主观判断和管制经验解决空域拥挤的现象，使其在有限的空域资源和人力资源下，合理分配交通流，建立有效的流量管理方法，缓解未来一定时间内空域拥挤状况，降低空域运行压力，保证航空运输的安全、稳定运行。

(3)综合多种运行指标，从经济性、安全性、高效性等方面衡量不同空域范围、不同时间尺度、不同交通流量管理策略下的风险损失，避免传统交通流量管理研究中风险分析的缺失问题，建立一套完整、可靠、科学的空域拥挤管理风险管理机制，避免由于流量管理措施实施时间不当所造成的不必要的损失。

基于上述目标，结合我国空管未来的发展目标与当前的发展实际，本书的研究目的是从风险预测的角度出发，明确交通需求预测的不确定性问题，建立交通需求预测不确定性量化模型，把握交通需求预测的随机性特征，并结合空域容量的不确定性变化，建立空域拥挤风险预测模型，界定空域拥挤的发生；从风险解决的角度出发，对于预测到的高风险空域，建立空域拥挤风险解决模型，平衡运行成本与运行风险，协调空域运行全局，缓解空域拥挤问题；从风险评估的角度出发，建立空域拥挤风险管理决策方法，为引入概率空域拥挤管理策略选取合适的切入时间和评价方式。本书综合考虑后续拥挤风险、策略实施成本、策略影响范围等多种因素，从风险管理的全过程入手，通过所建模型，统筹规划整个空域拥挤风险管理进程，有效缓解空域运行压力。

1.3.2 研究意义

随着我国空中交通事业的迅速腾飞，空中交通管理理念不断更新，运行管理手段不断改进，科学技术水平不断提高，使得空域运行环境对空中交通管理的作用日益加强。秉承传统的交通流量管理方法与技术已经无法应对不断发展的空域拥挤问题，更无法为我国的空中交通管理提供翔实、可靠、科学的技术支持和建议。为此，本书研究具有重要的理论意义和现实意义。

(1)有利于完善交通需求预测理论。从不确定性角度，实现交通需求预测结果的不确定性量化，避免了传统交通需求预测结果的确定性表现方式，实现不确定因素对交通需求预测的影响在预测结果中的具体体现，既能有助于推进交通需求预测方法与空域运行态势的进一步精确契合，又能使空域拥挤管理人员对交通需求变化保持立体化、综合化和动态性的认知。

(2)有利于改进空域拥挤管理理论。一方面，通过对预测发生的交通需求超过容量的现象赋予相应的风险概率，可以忽略可能性较低的空域拥挤问题，取消不必要的流量调配措施，降低运行成本损失；另一方面，通过将空域拥挤风险概率保持在一定范围内，可以筛选流量调配的时空范围和对象，降低对空域运行全局的影响；此外，改进的空域拥挤管理理论可以提高空域拥挤管理人员对未来交通发展态势的认知，有助于其提前评价潜在的拥挤变化，及时调整实施管理策略。

(3)有助于提高经济社会效益。近几年，由于我国航空运输业务量剧增，常常由于拥挤管理措施不力导致空域拥挤问题频发，并造成大面积航班延误，不仅带来巨大的经济损失，而且严重影响了航空运输服务行业的社会形象。通过本书的研究，可以为建立空域拥挤管理方法提供较为完整的理论体系，进而为解决日益扩大的航班延误问题、提高航空运输经济效益和社会效益、满足不断增长的空中交通需求提供理论研究依据。

1.4 研究方案

1.4.1 研究内容

本书研究主要包括三方面的内容，即空域拥挤风险预测研究、空域拥挤风险解决研究和空域拥挤风险管理决策研究。研究内容相互关联,研究过程循序渐进:空域拥挤风险预测作为研究的首要环节,主要是从不确定性交通需求预测出发,建立预测空域拥挤、评估拥挤发生的可能性的模型和方法;空域拥挤风险解决作为研究的重要组成部分,用于缓解拥挤的流量优化和调配方法,实现先解决局部风险、再推广至全局的优化过程;在上述两方面研究的基础上,建立空域拥挤风险管理决策方法,确定空域拥挤风险解决策略的实施时间和空域拥挤风险概率阈值,最终实现整个概率空域拥挤管理过程的整合。

综上所述,本书研究内容层次体系结构如图 1-1 所示,具体各部分主要研究内容如下:

(1)空域扇区概率需求预测研究。根据航空器在空域扇区中运行的随机性特点,提取影响需求预测不确定性的主要因素,分析航空器进入扇区时间、飞行时间和离开扇区时间的随机性,建立扇区概率需求预测模型,获得未来一定时间内扇区交通需求的概率分布及变化规律,实现空中交通需求预测不确定性的量化。

(2)空域拥挤风险预测研究。基于交通容量情景树方法评估不确定性因素影响下空域容量的概率分布及变化规律,结合空域扇区概率需求预测方法,通过与确定性和不确定性空域容量进行匹配,建立空域拥挤风险预测模型和方法,预测并界定高风险拥挤空域扇区和时段,实现空域拥挤风险的预测。

(3)基于局部优化的空域拥挤风险解决研究。通过将空域拥挤风险预测模型引入空域拥挤风险解决机制中,对未来一段时间空域内的拥挤风险发生的可能性进行预测估计,然后从运行成本与运行风险的平衡出发,综合考虑空域内发生拥挤后续可能性、全体航班的总延误时间、不同空域用户延误分配公平性以及解决策略的影响等目标,针对最高空域拥挤风险,建立多目标、非线性规划模型,同时还引入高维多目标优化的 NSGA2 改进算法对模型进行求解,降低空域拥挤后续发生的可能性和全体航空器的运行成本,提高空域用户延误分配的公平性,降低对原有航空器飞行计划的影响程度,完成空域拥挤风险解决的一次优化过程,初步实现空域拥挤风险的缓解。

(4)基于全局优化的空域拥挤风险解决研究。基于所获得的策略实施时间和概率阈值,在空域拥挤风险解决策略一次优化的基础上,从空域运行的全局角度出发,综合考虑管制员负荷、全局交通流平衡等问题,对已有的空域拥挤风险解决策略进行二次优化,并引入基于多目标遗传算法的求解方法,通过调整航空器飞行路径与起飞时间,最终实现空域拥挤风险解决策略的全局优化,进一步缓解空域拥挤风险。

(5)空域拥挤风险管理决策研究。通过决策树方法,从空域拥挤风险分析评价角度，对界定空域拥挤风险发生和空域拥挤风险解决策略的切入时间点两个关键细节，建立空域拥挤风险评价模型和空域拥挤风险管理决策方法，明确空域拥挤风险概率阈值和空域拥挤风险解决策略实施时间的选择过程，实现空域拥挤风险管理的决策。

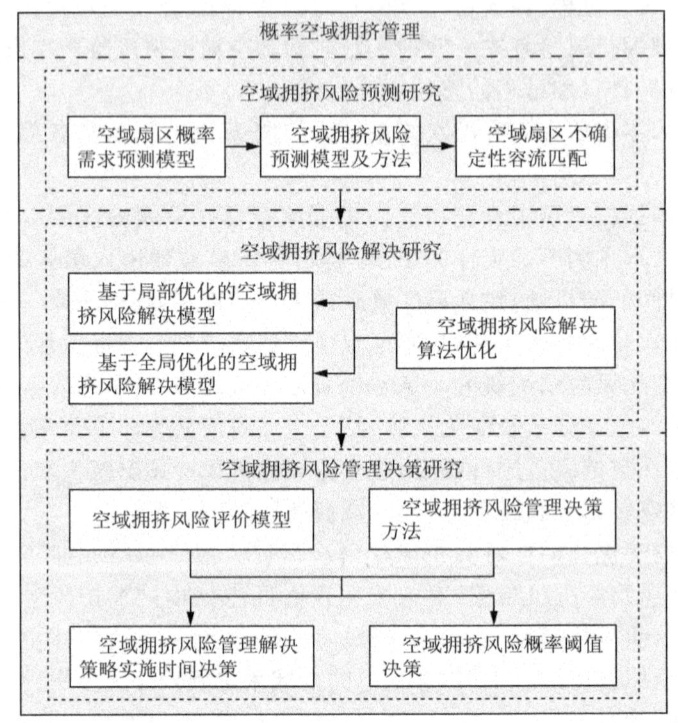

图 1-1　研究内容层次体系结构

1.4.2　解决的关键问题

基于以上研究内容，针对概率空域拥挤管理中不确定性交通需求预测、空域拥挤风险预测、空域拥挤风险解决、空域拥挤风险管理决策等一系列环节，本书研究了若干关键问题，具体包括：

(1)解决空域拥挤风险的预测问题。具体研究空域扇区概率需求预测模型和空域拥挤风险预测模型及方法。其中，通过提取交通需求预测过程中的随机性因素，研究空域扇区交通需求不确定性的量化问题，解决空域扇区的概率交通需求预测问题。在此基础上，将不确定性交通需求与不确定性空域容量之间进行匹配，从不确定性角度实现基于交通需求与空域容量双重预测下的空域拥挤风险预测。

(2)解决空域拥挤风险的缓解问题。一方面,具体研究局部高拥挤风险空域扇区的拥挤解决问题,从空域运行成本与运行风险的平衡性出发,基于空域拥挤风险解决实际,以拥挤风险最高的空域为主要对象,从空域内发生拥挤后续可能性、全体航班的总延误时间、不同空域用户延误分配公平性以及解决策略的影响等方面,提取空域拥挤过程中所需考虑的主要优化目标,建立基于局部优化的空域拥挤风险解决模型及其算法,实现空域拥挤风险解决的初次优化。另一方面,具体研究基于全局优化的空域拥挤风险解决模型及其算法,从空域运行的全局出发,综合考虑管制工作负荷、各扇区交通流分布平衡等问题,对已有解决策略进行二次优化。

(3)解决空域拥挤风险管理的决策问题。具体研究空域拥挤风险评价模型和空域拥挤风险管理决策方法。一方面,通过空域拥挤风险评价模型,着重分析空域拥挤风险损失评价;另一方面,通过引入决策树方法,设计空域拥挤风险管理的决策方法,选取空域拥挤风险概率阈值和解决策略实施时间,最终实现空域拥挤风险预测过程、空域拥挤风险解决过程和空域拥挤风险管理决策的整合。

1.5　主要创新点

本书的创新点主要体现在以下五个方面：

(1)建立了交通需求预测不确定性的量化方法。从不确定角度分析空域扇区交通需求预测误差产生的主要原因,并通过求取交通需求的概率分布获得交通需求预测随机变化的规律,改变了以往空中交通需求预测过程确定性方式,建立了空域扇区概率需求预测模型。该研究内容从运行实际出发,通过不确定性预测方式进一步精细化预测结果,满足了空域管理和流量管理系统对空中交通需求预测的随机性要求,这是本书的创新之一。

(2)研究了空域拥挤风险的预测方法。针对当前空域拥挤管理仅从策略本身优化出发、忽视空域拥挤发生的界定问题,通过对空域供需关系进行全程监控,从风险分析角度衡量、界定空域拥挤发生的可能性,建立了空域拥挤风险预测模型及方法,同时与确定性和不确定性空域容量相匹配,解决高风险拥挤空域扇区和时段的预测和界定问题,其研究思路和方法具有明显特色和创新。

(3)提出了高风险空域的拥挤解决方法。以解决最高空域拥挤风险为主要目的,结合运行成本与运行风险的平衡性问题,从不确定性角度出发,综合权衡空域内发生拥挤后续可能性、全体航班的总延误时间、不同空域用户延误分配公平性以及解决策略的影响等目标,建立高维多目标优化的 NSGA2 改进算法,这种多目标的空域资源优化方式也是本书的创新。

(4)实现了空域拥挤风险的全局优化。建立了基于全局优化的空域拥挤风险解决模型,从整体上平衡对目标空域各扇区的交通流,综合考虑交通流全局分布及各扇区的运行负荷等问题,融合经济性、公平性、安全性、高效性等多种运行目标,通过引入多目标遗传算法,整合、平衡了空域运行成本与运行风险,实现了全局交通流的协调,这种运行、人因等多种因素综合化的分析方式是本书的创新。

(5)确定了空域拥挤风险管理决策的实施细节。建立了空域拥挤风险评价模型和空域拥挤风险管理决策方法,解决了空域拥挤风险解决策略实施时间和空域拥挤风险概率阈值决策问题,在一定程度上避免了传统空域拥挤管理方式下,由于策略实施时机不恰当或拥挤界定不当所造成的不必要的成本损失问题,同时还使空域拥挤管理策略的实施更加贴近实际运行的需要,进一步精细化了空域拥挤风险管理过程,研究基点与论证方式是本书的又一创新。

第 2 章

概率空域拥挤管理研究基础

2.1 概述

根据第一章对本书的研究背景描述，可知进行基于不确定需求预测的概率空域拥挤管理，就是进行多种因素条件下的空域拥挤风险管理，也就是说，本书是将风险管理理念融合到空域拥挤管理过程中，研究其基本内涵、理论模型和关键技术。同时，正如第一章所述，本书中概率空域拥挤管理依托于空域拥挤风险管理，以空中交通管理为主要载体，以空中交通流量管理为核心手段。因此，为了进一步研究概率空域拥挤管理的理论、方法和技术等，在全面展开本书的论证分析之前，在本章首先通过对空中交通管理和风险管理两个基本管理方式的内涵进行简要介绍，为本书的研究奠定相应的理论基础；同时，对课题所涉及的基本概念，如空中交通需求、空域容量、空域拥挤风险、概率空域拥挤管理等进行详细描述，从而为本书的研究建立相应的概念要素体系。在此基础上，阐明概率空域拥挤管理的基本原理，并将所涉及的主要相关技术，如空中交通流量统计与预测、空中交通流量管理、多目标优化、多目标遗传算法、风险管理等进行介绍。

2.2 概率空域拥挤管理基本概念

概率空域拥挤管理依托空中交通管理和风险管理理论，以空中交通流量管理为主体，由概率交通需求、不确定空域容量、空域拥挤风险和概率空域拥挤管理等构成概念要素体系（图 2-1）。

其中，概率交通需求概念以空中交通需求概念为基础进行定义；不确定空域容

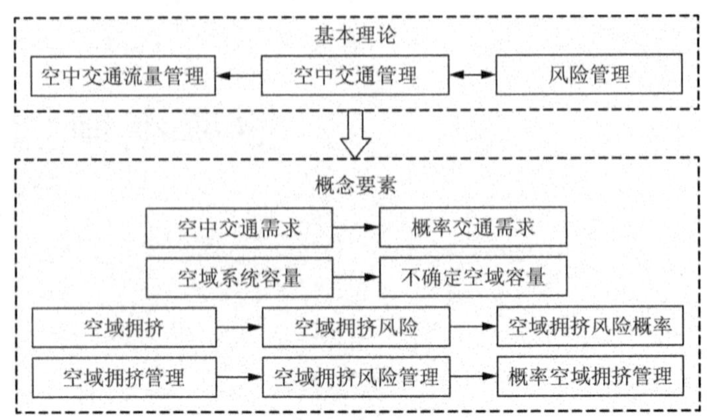

图 2-1 概率空域拥挤管理概念要素结构

量概念以空域系统容量概念为基础进行定义；空域拥挤风险概念以空域拥挤概念为基础进行定义，进而推出空域拥挤风险概率概念；概率空域拥挤管理概念以空域拥挤管理概念为基础，通过引入空域拥挤风险管理概念进行定义。

1. 空中交通管理

空中交通管理诞生于人类开展飞行活动的伊始，并随着航空运输事业的推动而不断向前发展，如今又被赋予了新的内涵。空中交通管理的任务是：有效地维护和促进空中交通安全，维护空中交通秩序，保障空中交通畅通。空中交通管理包括三大组成部分，即空中交通服务（Air Traffic Service, ATS）、空中交通流量管理（Air Traffic Flow Management, ATFM）和空域管理（Airspace Management, ASM）[69]。空中交通管理的组成结构如图 2-2 所示。

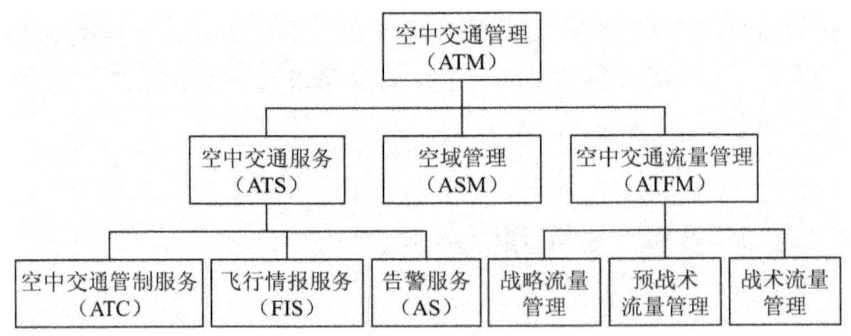

图 2-2 空中交通管理组成结构

空中交通服务是指对航空器的空中活动进行规划、组织、管理和控制的业务，可划分为空中交通管制服务（Air Traffic Control, ATC）、飞行情报服务（Flight Information Service, FIS）和告警服务（Alerting Service, AS）三个方面。其中，空中交通管制服务的主要职能是在防止航空器之间、航空器与障碍物之间相撞的同时，保持空中交通流有序、加速运行。飞行情报服务的主要职能是以飞行中的航空器为服务对象，提供有益于安全和能有效实施飞行的建议和情报。告警服务的主要职能是向有关组织发出需要搜寻援救航空器的通知，并根据需要协助该组织或者协调该项工作的进行。[73]

空域管理是指为维护国家安全，兼顾民用航空、军用航空的需要和公众利益，统一规划，合理、充分、有效地利用空域资源的管理工作。空域管理应当保证飞行安全、保证国家安全、提高经济效益、便于提供空中交通服务、加速飞行活动流量、具备良好的适应性，并与国际通用规范接轨。对我国当前的空域管理而言，应当立足于国家空管政策体制，逐步推进空域管理体制改革，优化国家航路航线网络规划，提高空域系统使用效率，科学满足空域用户的使用需求。[73]

空中交通流量管理是指为有助于空中交通安全、有序和快捷地流通，以确保最大限度地利用空中交通管制服务的容量，并符合有关空中交通服务当局公布的标准和容量而设置的服务[73]。空中交通流量管理应当同空域管理一样，宏观上满足飞行安全、国家安全、经济发展要求，运行上满足空中交通服务和空域灵活使用要求，同时还应具备良好的适应性，并与国际通用规范接轨。对我国当前的空中交通流量管理而言，应当在保证空中交通安全、有序和高效流动，充分合理利用空域容量的同时，为空管单位、航空公司和机场等相关利益方提供及时、精确的空中交通态势信息以及流量规划和实施方案，降低航班延误。

2.空中交通流量管理

根据空中交通管理中对流量管理的定义，可知实际运行中，空中交通流量管理的任务是通过预测、分析交通流的运行规律和变化状态，把握空中交通流量当前与将来时间内的总体运行状况和演化趋势，以疏导空中交通分布、加速空中交通流量高速运行、提高空域使用效率为目的，提出流量管理决策措施，发布相关指令和措施建议，实现更加安全、高效、公平的空中交通服务。空中交通流量管理从时间范畴上可以划分为战略流量管理、预战术流量管理和战术流量管理三个阶段，通常规定飞行活动当天的前数月到前7日之间为战略阶段，飞行活动当天的前1日至前7日之间为预战术阶段，飞行活动当天为战术阶段。其中，战略阶段的主要任务包括规划协调空中交通流量管理事务，分析、预测空中交通需求变化发展态势，确认潜在空域运行问题，评估流量调配方案，确定第二年的空域容量计划、航路使用分配计划，以及预战术阶段的其他计划等。预战术阶段的主要任务包括贯彻战略阶段部署的流量管理事务，协调其中涉及的具体问题，提供流量管理日程计划和方案，分析决策可用空域资源的最佳使用方法，满足空中交通流量调配需求。战术阶段的主要任务包括根据实际空中交通流量和空域系统容量，更新流量管理日程计划和方案，针对局部地区的空域资源供需矛盾，制定合理的时隙资源分配或飞行路径调整方案，实现空域资源供需关系的平衡。

空中交通流量管理作为与空域管理、空中交通服务相并立的概念，共同构成了空中交通管理概念体系。空中交通流量管理与空域管理、空中交通服务两者的任务分工和目的不同，具有互补性和不可替代性，可以从管理对象和应用范畴两个方面加以区分。一是管理对象不同，流量管理的对象是航空器集合，即某空域某时段内航空器活动形成的飞行流，通过调配流量间接控制多架航空器；空域管理的对象是空域本身，通过优化空域结构、改善空域环境，尽量满足用户使用需求；空中交通服务的对象主要是航空器个体，侧重通过调整航空器安全间隔或引导航空器安全飞行直接控制单架航空器。二是应用范畴不同，流量管理涉及战略、预战术和战术三个阶段，侧重于预战术、战术流量调配；空域管理同样涉及战略、预战术和战术三个阶段，但侧重于战略规划、调整和使用；空中交通服务则在战术阶段实时控制局部飞行。

3. 风险管理

风险是伴随人类的产生而产生、发展而发展的，人类社会的历史就是一部对抗风险、管理风险的进化史，而风险管埋埋论的产生和发展则是科学技术、生产力发展到一定阶段的产物。美国学者 TELEI W 首先提出了风险的定义[74-80]，认为风险是非意愿事件发生的不确定性的客观体现。该定义具有三个层面的内涵：一是风险的存在是客观性的；二是风险的本质与核心是不确定性的；三是风险事件是主观意愿上不希望发生的。20 世纪 20 年代，美国经济学家 Knight 指出风险与不确定性的区别，认为风险是可测的不确定性，且表现为一定的统计规律，即通过概率或可能性程度可以衡量风险事件发生的不确定性。20 世纪中叶，美国 Williams 教授将风险定义为给定情况下和特定时间内可能发生的结果之间所存在的差异；同时，还将人的主观因素引入风险分析过程，指出：虽然风险的存在具有客观性，且在任何人眼中其存在状态都是相同的，但是其不确定性的估计却取决于实施风险分析的主导者，蕴含了他们的主观因素；也就是说，不同风险分析者采用的方法不同，即使对同一风险而言，其主观判断也是存在差异的。20 世纪 80 年代，日本学者武井勋进一步定义了风险的内涵，认为风险是在特定时空环境内自然存在的、导致经济损失的变化。该定义体现出三个方面的含义：一是风险与不确定性是不同的，两者之间具有区别；二是风险的存在具有客观必然性；三是风险的发生具有可预测性。[81-84]

综合上述对风险的定义，可划分为两种认知：一种是以不确定事件来定义风险，以概率来描述风险，即认为风险是费用、损失或与损失相关的不确定性，且可以通过概率来表征这种不确定性的程度;另一种是以预期结果与实际结果的差距来定义风险,以一定条件和时间范畴内可能发生的结果变动来描述风险,即认为风险是预期与实际的偏差,且这种偏差越大,风险就越大。结合这两种观点,定义风险是不确定性的存在及其造成损失,既可以通过概率来表征此不确定性的程度,也可以通过风险度来评估不同结果对风险承担者造成的损失。这种综合性定义逐渐为业界所接受,也成为我国风险管理学界主流的风险定义。[85-87]

伴随着风险概念的向前推进,风险管理理念也不断完善。风险管理作为现代管理学的新兴学科,以风险发生规律和风险控制技术为研究内容,以风险的识别、衡量和评估为研究手段,通过探索、完善各种风险管理技术的优化组合,旨在有效实施风险控制、科学处理风险损失、以最小成本实现最大安全保障。具体而言就是,在降低风险的收益与成本之间进行权衡并决定采取何种措施的过程,即确定减少的成本收益权衡方案和决定采取的行动计划(包括决定不采取任何行动)的过程[88]。

上述定义阐明了风险管理的基本内容、方法和程序,指明风险管理的核心在于选择最佳风险管理技术组合。由于每一种风险管理技术都有一定的适用范围,因此,基于此定义,结合空域拥挤管理的内涵,需要明确:一,实现各种控制技术的综合运用、优化组合是实现空域拥挤缓解目标的重要环节;二,该定义明确了风险管理的目标在于以最小的成本实现最大安全保障的效能,要达到上述目标,不仅在决策前要全面正确识别、衡量空域拥挤风险,而且要在实施空域拥挤风险管理方案过程中要及时评价效果,并根据实际情况随时修改空域拥挤风险管理方案。

从风险管理的宏观角度而言,随着现代经济生活中生产高度社会化和生产技术不断精密化、复杂化,使得各个风险主体所处的外部环境都面临着巨大的冲击和变化。除自然风险外,各种经济的、政治的、社会的、技术的风险层出不穷,促使人们认真思考传统处置风险的方法能否适应社会发展需要,能否寻求一种更为科学、更为经济、更为全面的方式来处置各类风险,其必要性主要体现在两方面:首先,风险管理为实现全面处置风险提供了可行手段,将现代社会对风险的应对过程提升到系统论的科学水平。具体而言就是,基于风险识别与风险分析,一方面能够用系统科学的方法,比较每种风险对策的成本与效益,寻求各种对策的最优组合;另一方面又能给风险损失的出现于度量提供科学的计算基础,从而有效识别与衡量风险,为风险管理提供科学的决策基础。其次,风险管理作为一种综合处置风险的方法,利用各种控制风险的措施与手段,将对风险的应对过程提升到了方法论的科学水平。风险管理通过风险规避、转嫁、自担、保险及损失控制等风险处置方式,既注重损失前控制、转嫁与处理,也注重损失后补偿;既能防患于未然,又能及时、合理

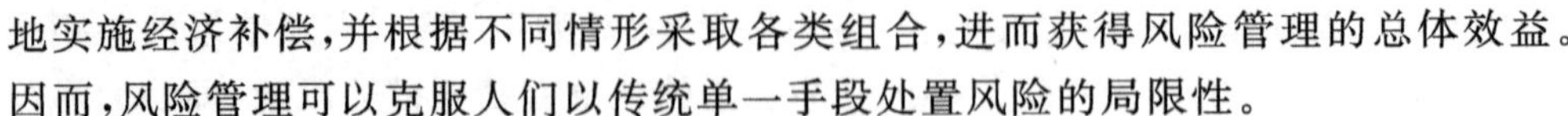

地实施经济补偿，并根据不同情形采取各类组合，进而获得风险管理的总体效益。因而，风险管理可以克服人们以传统单一手段处置风险的局限性。

4.概率交通需求

概率交通需求概念是在空中交通需求概念的基础进行定义的。“空中交通需求”是指：未来一段时间内、在某一空域范围中所能通过的航空器架次。从定义可以看出，传统空中交通流量管理理论中，一般将空中交通需求视为确定性的值；或虽然一定条件下考虑交通需求具有不确定性因素，但是其表示方法通常为确定性的。也就是说，某时间区间内、通过某一空域范围的航空器架次为确定的数值，且该数值的对应概率为1。

随着空中交通管制行为及交通流运行的日益复杂，对空中交通需求认知不断发展变化，人们发现在实际运行过程中，天气影响或空中交通管制下非计划内的航空器飞行速度、高度和航向的改变，航班的取消与恢复，以及进离场航班时刻的延误等各种不确定影响因素，都可能造成某时间区间内、通过某空域范围的航空器架次发生随机性变化。但是，如上所述，由于传统方式下表示空域中所对应的交通需求是一个确定性数值，而这种确定性的表示方式存在不足：一方面，无法充分体现出上述不确定性因素的实际影响及其程度；另一方面，随着预测时间尺度的不断增加，由于预测模型、输入数据等客观原因，确定性结果的精确性就会随之下降，那么这种精确性的损失程度也无法体现在交通需求结果中。综合以上不足，需要从不确定性角度对空中交通需求进一步定义，加深对其不确定性的认识。因此，在本书中定义了概率交通需求的概念。“概率交通需求”(简称为“概率需求”)是指：未来一段时间内、在某一空域范围中可能通过的航空器架次，且该架次值在一定时间区间内具有随机性，服从一定的概率分布；也就是说，未来一段时间内、在某一空域范围中的交通需求具有若干值，且对应不同的发生概率。

由概率交通需求的定义，推演可知本书中具体涉及的“空域扇区概率需求”是指：未来一段时间内、在空域扇区范围中可能通过的航空器架次，且该架次值在一定时间区间内具有随机性，服从一定的概率分布。

5.不确定空域容量

不确定空域容量的概念是在空域系统容量的概念基础上定义的。空域系统容量，直观地描述，就是指单位时间内空域系统能够处理的交通量，具有以下三层含义[64]：

(1)与一般容器的容积类似，一个系统的容量可以指该系统的静态容量。具体到空域系统而言，其容量既与空域本身的结构有关，又与管制手段与管制运行环境有关。因此，空域容量是指在特定情形下，单位时间内空域具有的服务能力。

(2)空管系统容量的另一层含义是系统能够处理的飞机流率，即在单位时间内该系统所能够处理的事件数量。以终端区系统为例，空域容量指终端区所有移交点单位时间可接受的进入请求的总架次。

(3) 空域系统容量和系统本身能够提供服务的安全性、质量等因素紧密相关。也是说，容量在这里是一个“门限”的概念；当达到或超过这个门限的时候，系统所提供服务的质量和安全性会严重下降，具体表现为飞机延误增加，发生事故的概率增大，乘客的满意程度降低等。

如图 2-3 所示，在理论研究与实际工程运用中，空域系统容量的概念往往从航班延误时间的角度，分为运行容量和理论容量两类[64]。

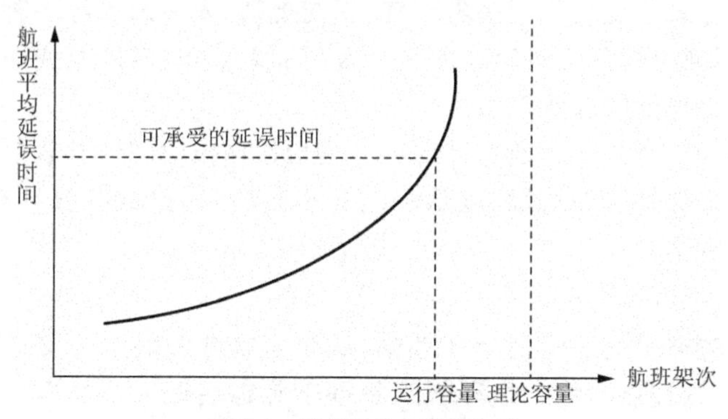

图 2-3　运行容量和理论容量

(1)运行容量：在一定时间间隔内，对于指定研究空域，在所涉及的所有航班平均延误时间在可接受范围之内时，该空域所能提供服务的最大航班数量。很明显，在这种情况下，航空器之间的间隔可以保证，可能会存在航班延误，但是情况不会特别严重。

(2)理论容量：在一定的时间间隔内，在持续服务请求的情况下，对于指定研究空域所能提供服务的最大航班数量。此处“持续服务请求”指总有航空器等待起飞或降落的情况，即航班连续地进入或离开所研究的空域。

运行容量、理论容量两个定义的最大区别在于：运行容量是在考虑航班延误情况下的定义，而理论容量则没有考虑航班的延误。在相当长的一段时间内，航空界对于空域容量的研究重点集中在运行容量之上，即在某一流量水平之下，空域系统所提供服务造成的航班延误水平，或在某一延误水平之下，空域系统所能提供服务的流量水平。但是随着空中交通流量的增长，空域系统日益拥挤，许多繁忙的机场和终端区已运行到系统服务能力的极限，在这种情况下获得系统的极限服务容量就显得格外重要。在应用中，运行容量定义中所涉及的“某一流量水平”和“某一延误水平”没有统一的界定，造成应用困难；而且，运行容量的定义中，航班延误很大程度上受到服务需求的影响，如多架航空器同时要求跑道提供服务时，将造成比较严重的延误；而如果多架航空器在一段时间内陆续请求服务，则有可能减小延误。在实际情况中，理论容量的数值一般比运行容量大，但比较接近。从数学的角度来讲，分析理论容量要比分析运行容量相对简单些。

综合传统空域系统容量的定义，可知一般将空域系统容量视为确定性的值，即单位时间内某管制单元所能提供的航空器服务架次的容量为确定的数值，且该数值所对应概率值为1。随着空域结构与运行机制的日益复杂，以及对空域系统容量认知的不断发展变化，人们发现在实际运行中，空域作为一种复杂系统，单位时间内所能提供的服务能力受到恶劣天气、管制规则、人为因素等多种不确定因素的影响，需要从不确定性角度对容量的定义重新加以认识，以度量空域系统为满足空中交通需求所能提供的服务能力。

因此，本书定义的“不确定空域容量”，是指在单位时间内某管制单元所能提供的航空器服务架次具有随机性，服从一定概率分布，即空域容量具有若干值，且对应不同的发生概率。

6.空域拥挤风险管理

根据传统的空中交通流量管理理论，认为当空域中的空中交通需求超过容量时，就会产生空域拥挤问题。这种观念是基于确定性理论下的空中交通需求和空域系统容量的概念。也就是说，在空中交通需求与容量不匹配的条件下，认为空域将发生拥挤，且空域拥挤发生的概率为1。随着对空域容量与需求认知的发展，逐渐发现种种不确定性因素在空域运行过程中的影响作用越来越大，传统认知方式下对空域拥挤产生的判断比较简化，往往由于预测的空中交通需求或容量值的随机性导致对空域运行状况的认识发生偏差。也就是说，交通需求与容量的不匹配固然是拥挤产生的原因，但是由于种种不确定性因素对交通需求和容量的影响，使得需求预测与容量评估都具有随机性，空域拥挤的发生也就具有随机性，因此不能单纯以空中交通需求超出容量来判断空域拥挤的发生，而是在需求超出容量的条件下，依据需求超过容量的发生概率，判断是否发生空域拥挤现象。在实际运行中，交通管理人员已经认识到了这种不确定性的存在，通常凭经验估计比较空中交通需求与容量的变化以判断某空域未来一定时间段内发生拥挤的可能性并采取相应措施。因此，对上述这种具有不确定性的空域拥挤现象，本书定义“空域拥挤风险”和“空域拥挤风险概率”两个概念，以便于研究。其中，“空域拥挤风险”是指根据未来一段时间内，某空域范围中交通需求与空域系统容量不匹配的状况及其概率分布规律，一旦预测需求超过容量且发生的概率超过给定阈值时，就认为该空域具有空域拥挤风险。“空域拥挤风险”发生的概率即为“空域拥挤风险概率”，所给定的阈值即为“空域拥挤风险概率阈值”。

“空域拥挤风险管理”概念是在空域拥挤管理概念的基础上定义的。根据第一章对空域拥挤管理的认知，定义“空域拥挤管理”，即以空中交通流量管理为主要手段，以发生空域拥挤的时空范围为主要对象，通过对其间的交通流进行优化调配，缓解空域运行压力，实现空域资源供需平衡。在空域拥挤管理概念的基础上，引入风险管理理念。对于空域拥挤管理而言，风险管理的作用主要体现在保证空域安全运行的同时，力图以最小的成本耗费将风险损失减小到最低限度。由此定义“空域拥挤风险管理”，包括以下几个方面内容：

(1)通过系统地处置与控制空域拥挤风险，可以保障空域运行目标的顺利实现，实现交通流的顺畅运行，为空中交通管理部门提供安全、稳定的空域运行环境，为航空器运行提供全面、可靠的安全保障。

(2)对空域拥挤实施风险管理有助于各项流量管理决策协调化和系统化，通过统一协调、比较和综合空域拥挤管理的解决策略与手段，避免产生不必要的策略重复或策略抵消，从而减少空域运行成本的增加与浪费。

(3)对空域拥挤实施风险管理有助于保证运行成本与运行安全的平衡化、科学化和合理化，在有效降低空中交通流量管理人员与管制人员的交通需求预测与调配负担的同时，权衡空域运行成本与空域运行风险之间此消彼长的辩证关系，在降低风险损失的同时，提高空域拥挤管理效率，实现以最小运行成本代价换取最大经济安全效益的目标。

综合上述对空域拥挤管理和空域拥挤风险管理的定义，最后给出“概率空域拥挤管理”的定义，即对不同时间尺度下空域拥挤赋予风险概率，并通过持续监控、风险分析、流量管理等手段，从不确定性角度出发，在平衡空域运行经济性、安全性、高效性等目标的同时，将空域拥挤风险概率保持在可接受的范围内，从而降低空域运行压力。在本书中，进行概率空域拥挤管理就是实施空域拥挤风险管理的过程。

2.3　概率空域拥挤管理基本原理

根据概率空域拥挤管理基本概念可知，概率空域拥挤管理实际上就是综合安全、成本等多种因素，权衡降低空域运行风险与运行成本，确定采取空中交通流量管理措施的过程，即权衡空域运行成本收益与空域安全运行下的空中交通流量管理策略的实施方案。因此，概率空域拥挤管理的整个过程如下所述。

首先，为问题描述方便，本书将空域系统简化为由空域、机场、边界点、扇区和飞行轨迹五个要素构成的空域网络模型，且将航空器飞行的四维空间（一维时间和三维空间）简化为一维时间和二维空间，整个空域被划分为目标空域和非目标空域两类，如图 2-4 所示。目标空域是指目标机场所在的空域，由扇区组成，其中包含了定义为拥挤的空域扇区，在拥挤时段穿越目标空域的航空器作为空域拥挤风险管理策略的候选航空器；非目标空域是指其他机场所在空域，在此视为一个整体，是包围在目标空域外围较大的扇区集合，这些扇区在空域拥挤风险管理过程中被监控，从而避免空域拥挤风险管理所涉及的航空器对目标空域运行造成额外影响。航空器由起飞机场离场，经边界点进入某扇区，再经另一边界点离开进入下一扇区，直至目的机场降落。整个飞行过程近似为从一个边界点到下一边界点的航路直线飞行，用实线表示，而航空器的实际飞行轨迹则用虚线表示（如果航空器在某机场起飞或降落，则视该机场为进入或离开所在空域的边界点）。

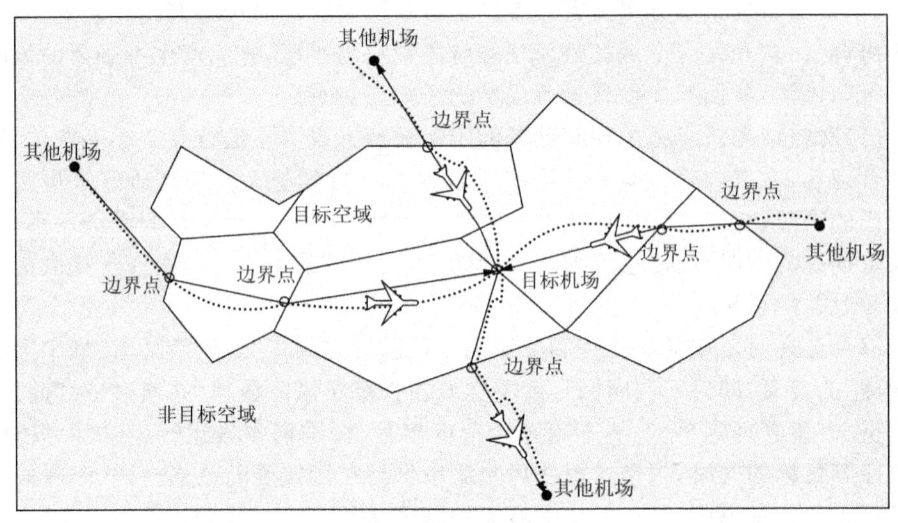

图 2-4 空域网络结构图

根据上述概率空域拥挤管理的基本概念，由于空中交通需求是指未来一段时间、在某一空域范围内所能通过的航空器架次，因此，如果按照传统基于航迹的交通需求统计预测方法，即航空器按照理想情况沿直线飞行条件下某空域在一段时间内所通过的航空器架次统计，则预测结果就会与实际运行结果发生偏差，而实际运行中由于天气影响或计划外的空中交通管制造成的航空器轨迹改变，或风预测以及航空器性能建模中的不确定性等诸多不确定因素都会造成航空器飞行轨迹预测的不确定性，体现为空中交通需求预测的不确定性。

同样，根据上述概率空域拥挤管理的基本概念，按照传统空域评估理论，空域容量的实质是空域可用资源所能提供服务能力的体现，而实际运行中天气状况、空域分布及其使用情况等因素使空域运行结构与其运行方式都具有不可预测性，空域容量值往往不能充分体现综合诸多因素下空域可用资源的实际服务能力，因此，需要掌握充满不确定性的空域容量。

综合空中交通需求与容量两者各自的不确定性，传统方式下仅凭比较交通需求是否超出容量限制就判断空域拥挤的发生忽视了不确定性的存在，无法满足实际运行的需要。因此，需要在认识空中交通需求与容量两者各自不确定性的基础上，掌握空中交通所需服务能力与所能提供服务能力之间的关系，从而评估空域拥挤风险，判断可能发生的空域拥挤状况，简而言之，就是进行空域拥挤风险预测。针对高风险的空域拥挤区域和时段，空中交通管理人员需要进行拥挤解决，建立基于不确定性分析基础上的空域拥挤风险解决，也就是要求所建模型及方法不应单纯以容流数值对比为依据进行航空器时空调配，而是在顾全效率、效能和公平性等目标的同时，精确权衡空域运行成本与空域运行风险之间的冲突与平衡关系。与此同时，还需要确定所实施空域拥挤风险解决措施的时间问题，并给出判断空域拥挤风险概率阈值，从而进行空域拥挤风险管理决策。简而言之，就是对高风险拥挤空域选取适当的空域拥挤风险解决策略的实施时间和空域拥挤风险概率阈值，在尽可能降低对全局交通流影响的前提下提出空域拥挤风险解决优化策略：避免由于策略实施过早所引入不必要的延误，或者由于策略实施过晚所导致的实施策略成本更高问题；避免由于选择阈值较大加大空域运行安全风险，或者选择阈值较小引发不必要的流量管理成本消耗。

综上所述，得到概率空域拥挤管理的内涵，即预测不同时间尺度下某空域内拥挤发生的风险概率，并通过持续监控、风险分析、流量优化调配等方式，从不确定性角度，综合安全性、经济性、高效性等目标，选择适宜的策略实施对象、时间和方式等，保证空域拥挤风险概率处于可接受范围，从而降低空域拥挤压力。在此内涵基础上，可以将整个概率空域拥挤管理视为风险管理过程，且从不确定性角度出发，通过剖析空域拥挤风险预测、空域拥挤风险解决与空域拥挤风险管理决策三个过程，进而建立完整的空域拥挤风险管理体系。其中，空域拥挤风险预测过程旨在通过空中交通需求预测和空域容量评估，判断需求与容量之间的关系，监控空域运行态势，预测可能发生空域拥挤的风险；空域拥挤风险解决过程旨在通过空中交通流量管理对高风险空域拥挤衡量运行成本和风险成本，理清空域拥挤风险的轻重缓急，既要从局部运行角度针对高风险空域进行初次优化，也要从全局运行角度综合考虑空域拥挤风险解决策略的整体效能，最终通过航空器的飞行路径和起飞时间的合理调配，缓解空域拥挤压力；空域拥挤风险管理决策过程旨在进一步明晰空域拥挤风险解决策略的实施细节，保证平衡整个目标空域的交通流分配、缓解管制运行负荷的同时，确定解决空域拥挤的较优时间点和空域拥挤风险概率阈值。上述三个过程相互配合，协同合作，如图 2-5 所示：空域拥挤风险预测过程为空域拥挤风险管理决策过程提供问题约束，指明可能发生拥挤的空域范围及其概率值；空域拥挤风险解决过程对根据空域拥挤风险预测过程所给出的问题约束，针对不同空域范围进行交通流调配，并给出具体方案；空域拥挤风险管理决策过程根据空域拥挤风险解决过程所给出的调配方案，通过评估其安全性、效益成本和后续风险等目标，比较在不同时间点调配方案实施后对空域运行的影响，在找到合适的方案实施时机的同时，确定相应的空域拥挤风险概率阈值，以缓解空域拥挤，保证空域运行安全，降低空域运行成本，减轻空域后续运行压力。

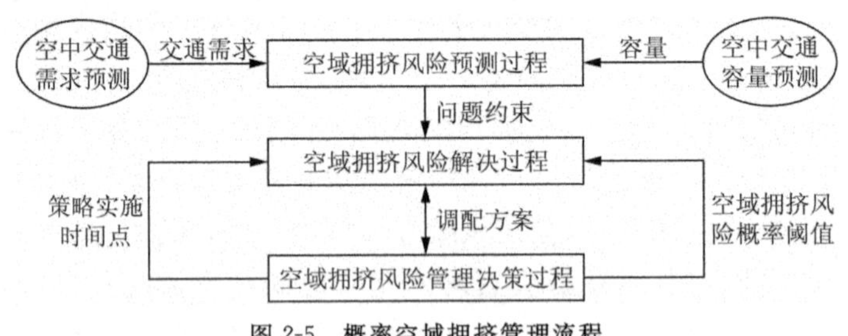

图 2-5　概率空域拥挤管理流程

基于上述技术流程，本书研究的空域拥挤管理关键技术主要包括空域拥挤风险预测研究、空域拥挤风险解决研究和空域拥挤风险管理决策研究三部分。具体的技术思路如图 2-6 所示：通过实验室的“空中交通管理自动化系统终端”采集实际数据，作为“空域管理与评估仿真系统”“空中交通管理环境综合实验平台”和“空中交通安全分析平台”的主要数据来源。分析产生交通需求预测不确定性的误差原因，针对误差原因建立度量指标，采用多元统计分析方法和 Monte-Carlo 仿真统计分析不同时间尺度下的度量指标，建立造成交通需求预测不确定性的预测误差分布统计模型；根据上述模型，提取影响扇区需求不确定性的主要因素，建立扇区交通需求预测的不确定性量化模型；利用“空域管理与评估仿真系统”，分析空域动态容量评估的不确定性，并与不确定需求预测匹配，利用空域拥挤风险预测模型，预测不同时间尺度下、不同交通运行环境空域拥挤发生可能性；考虑总延误损失、公平性和管制负荷，以安全性为约束，建立基于局部优化的空域拥挤风险管理解决模型，进行空域拥挤风险管理解决策略的一次优化；建立基于全局优化的空域拥挤风险解决模型和空域拥挤风险评价模型，并通过引入决策树法整合空域拥挤风险管理决策过程，把各种可选方案、可能出现的空域需求状态、可能性大小以及拥挤管理产生的后果进行计算分析，确定空域拥挤管理解决策略的实施时机和风险阈值；在空域拥挤风险解决和决策过程中，不断通过多目标优化算法，寻求 Pareto 最优调度方案；最后在“空域管理与评估仿真系统”“空中交通管理环境综合实验平台”和“空中交通安全分析平台”上进行仿真验证。

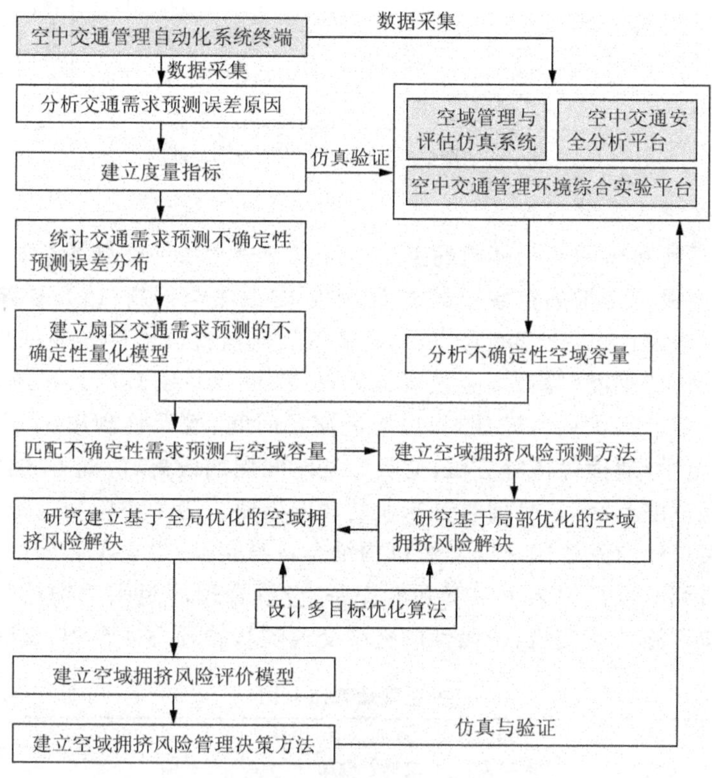

图 2-6　概率空域拥挤管理具体技术内容

2.4　概率空域拥挤管理主要技术

根据概率空域拥挤管理基本原理，对应于概率空域拥挤管理中流量管理、风险管理、空中交通需求、空域系统容量、空域拥挤风险管理等主要概念要素，在本书中，进行概率空域拥挤管理技术所涉及的主要技术包括空中交通流量管理技术、风险管理技术、空中交通流量统计与预测技术和多目标优化技术等介绍。各类技术之间的关系如图 2-7 所示。

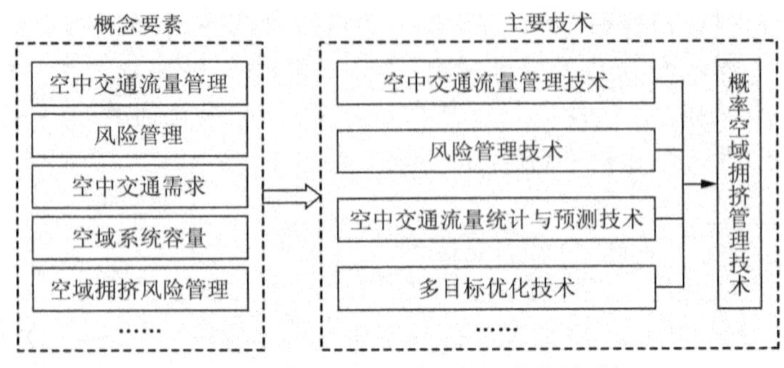

图 2-7　概率空域拥挤管理主要技术关系

1.空中交通流量管理技术

空中交通流量管理从功能范畴上总体可以划分为增加空域容量和调整空中交通流量两个方面。在增加空域容量方面，主要的做法包括新（改）/扩建机场、增加跑道、改进空域设计、优化管制程序、提高通信导航监视设施性能等；此类方法的时间周期较长、协调难度较高、资金技术投入较大、覆盖范围较广。在调整空中交通流量方面，主要包括优化航班计划、调配进离场时间、增设管制扇区、实施改航、航空器排序和空中/地面等待等方法；此类方法时间周期较短、协调方式便利、技术手段快捷、覆盖范围灵活，是目前空管行业的普遍做法。为了空中交通流量管理的顺利实施，欧美等航空发达国家或组织机构结合自身实际，建立了相应的空中交通流量管理的目标和阶段，构架了一套功能完备、设置合理的组织架构体系，形成了统筹规划、分步实施的跨层级、阶段性的空中交通流量管理方式[89-94]，见表 2-1。

流量管理方法对比　　表 2-1

<table>
<tr><th>时间范围</th><th>国际
民航组织</th><th>美国联邦
航空局</th><th>欧洲空中
交通管理局</th><th>中国</th><th>空中交通流量管理</th></tr>
<tr><td>5 年前</td><td rowspan="2">战略
流量管理</td><td></td><td></td><td rowspan="2">先期
流量管理</td><td>通过新（改）、扩建机场和跑道、改进空域设计、优化管制程序、提高通信导航监视设施性能</td></tr>
<tr><td>前数月—
起飞前 7 日</td><td>战略
流量管理</td><td>战略
流量管理</td><td>评估空域容量，预测空中交通流量，优化航班时刻</td></tr>
<tr><td>前 7 日—
起飞前 24h</td><td rowspan="3">战术
流量管理</td><td>预战术
流量管理</td><td>预战术
流量管理</td><td>飞行前
流量管理</td><td>评估空域容量，预测空中交通流量，优化航班时刻，调整非定期航班</td></tr>
<tr><td>起飞前 2h</td><td rowspan="2">战术
流量控制</td><td>战术
流量管理</td><td>实时
流量管理</td><td>调速，控制移交点时间，增设扇区，改航，空中/地面等待</td></tr>
<tr><td>飞行中</td><td></td><td></td><td></td></tr>
</table>

同时，为了不断保障飞行安全，进一步提高空中交通流量管理效能，欧美等航空发达国家在空中交通流量管理基本策略方面的研究也不断深入，尤其是针对实际管制运行中所遇到的流量问题进行地面等待、排序、改航、场面管理等策略的研究，从而实现科学高效的交通流调整规划。目前，上述流量管理基本策略的研究已趋成熟，不仅在实际运行中随着各国空域运行机制、飞行方式、设备技术等方面的发展进一步改进并发挥重要作用，而且也是进行空域拥挤风险管理的基本依托方式。

(1)地面等待策略

地面等待策略是针对由于天气等原因突发引起的机场供需不平衡时，而采取的一种有效的空中交通流量管理方法，旨在将昂贵的空中等待转化为低廉的地面等待，以达到最小化延误成本和最大化安全性的目的。地面等待策略作为流量管理的主要方法，起于 20 世纪 70 年代，最早是欧美等国为了解决日趋严峻的空域拥挤带来的航班延误难题而开发的应急措施；80 年代后，其成为流量管理的重要手段，并在欧美等国逐渐应用展开。20 世纪 80 年代，美国麻省理工学院的 Odoni 教授建立了地面等待的典型静态随机模型，首次系统阐述了该问题，并逐渐受到业界的广泛关注：从单机场地面等待问题，扩展到多机场地面等待问题，将机场网络系统纳入地面等待策略考虑范畴；从静态地面等待策略，拓展到动态地面等待策略，探讨了地面等待策略的实时性。由于最初都是将机场视为容量受限的主要因素，并由此生成地面等待策略，所以大部分研究主要关注的都是机场地面等待策略问题。后来，随着空中交通流量的不断增加，航路等空域单元也逐渐产生了拥挤问题，因此将受限元扩展到航路上，使地面等待策略更加完善[95-99]。

(2)航班排序策略

航班排序策略是空中交通流量管理的重要方法，其主要目的是针对终端区进、离港航班，依起飞、下降和终端进离场等阶段，提供最佳的航班间隔、次序与时间，为 ATC 提供决策支持；旨在确保安全的前提下，充分发挥航空器在进离场阶段的飞行性能，在尽量避免航空器间影响的同时，降低飞行延误，提高航班的正点率，降低管制员工作负荷。国内外关于排序问题的研究较为广泛，成果丰硕。归纳起来主要有：先到先服务、时间提前、带有约束的位置偏移(CPS)、滑动窗优化、模糊模式识别、延误交换等算法，以及通过建立混合整数线性规划模型，然后采用分支定界法、遗传算法等进行求解的优化方法。在此基础上，欧美等国开发了技术成熟、可靠的排序自动化决策支持系统，如荷兰阿姆斯特丹的 ASA 系统，德国法兰克福的 COMPAS 系统，法国巴黎的 MEASTRO 系统和美国联邦航空局开发的航路—终端雷达进近管制系统(CTAS)等。它们共同的特点是通过预测飞行轨迹计算航班达到特定位置点的预计到达时间，然后采用一定的排序策略确定航班着陆次序、时间并以合适的方式显示，为管制员提供决策支持[100-104]。

(3)改航策略

改航策略是指当空域单元受恶劣天气等因素影响，造成时空资源或服务能力下降时，采取的一种避让受限空域单元的有效措施，从而保持空中交通安全、有序和畅通。改航策略是空中交通流量管理方法的重要组成部分，可分为静态改航和动态改航。在实施过程中，静态改航策略不会随外部信息的改变而更新，通常在提前预知机场或区域容量将显著下降的条件下，空中交通管制中心与航空公司运行中心协调，重新规划新航行路径或从被选方案中选择。静态改航作为目前国际上的主要改航策略，已在普遍使用。反之，动态改航是在静态改航的基础上，根据外部信息的改变而更新策略，这是改航的发展方向和必然趋势，目前尚处于理论研究阶段。作为研究热点之一，国外在 20 世纪末关注动态改航问题，主要是研究基于避让受限空域的动态航径选择问题，即求解各类空域容量受限下的延误损失最小化问题。经过近二十年探索，提出建立了一些经典的改航模型及其求解算法，例如动态多任务网络流模型及其拉格朗日生成算法，基于 Dijkstra 算法、马尔可夫决策过程或随机动态规划等算法的动态改航方法等；并研究了随时间变换气象数据条件下的多航空器航路规划问题等[105-112]。

(4)场面管理策略

场面管理策略旨在充分利用机场设施，优化分配机场资源，为方便旅客、提高机场运行效率提供科学方案。机场场面资源中与空中交通流量管理密切相关的是停机位和滑行道，它们是影响机场容量的重要因素。因此合理分配停机位、优化滑行路径是场面管理的主要策略，提高机场运行效率的有效手段。停机位分配是在满足一定约束条件的前提下，为航班安排合适的停机位以达到相应目标要求的过程。合理的停机位分配在提高停机位利用率，减少航班延误，方便旅客乘机，增强机场保障能力等方面具有重要的意义。国内外相关方面的研究主要体现在停机位分配建模、求解算法及应用工具等方面。典型的停机位分配模型有单目标、多目标 0—1 规划模型、整数规划模型等；建模目标主要围绕旅客满意度、停机位使用效率等方面，约束条件主要体现在停机位独占约束、容量约束、机型匹配约束等方面；对解决这一 NP 问题，提出了关键路径法、分支定界法、网络流、遗传算法、模拟退火算法等。滑行路径优化是在避免冲突、保证安全的条件下，为场面滑行的航空器寻找最优路径以达到相应目标的过程。对滑行路径优化的研究一般以滑行路径最短或滑行时间最少为目标，以机场地面交通网络为背景，运用优化算法寻找最优路径。国内外学者针对滑行路径优化算法做了大量研究，比较典型的有动态规划、启发式 A* 算法、Dijkstra 算法等[113-121]。

2. 风险管理技术

风险管理的主要目标是处置风险和控制风险，防止和减少损失，以保障社会生产及各项活动的顺利进行。在此目标下，风险管理应用管理原则去管理资源与活动，并以合理的成本尽可能减少风险损失及其对所处环境的不利影响。具体而言，风险管理过程就是通过风险识别、风险估计和风险评价，来有效地进行风险管理决策和风险监控，用最经济的方法来综合处理风险，以实现最佳安全生产保障的科学管理过程(图 2-8)[88,122]。全过程包含三个层面：一是风险管理的立足点在于风险识别，核心是量化每个风险的不确定性，并评价可能带来的损失；二是风险管理的着眼点在于风险控制，核心是降低损失发生概率、缩减损失程度；三是风险管理的关键点在于风险规避，核心是秉持既定目标，以迂回的方式调整方案实施路径，从根本上消除产生风险的潜在因素。

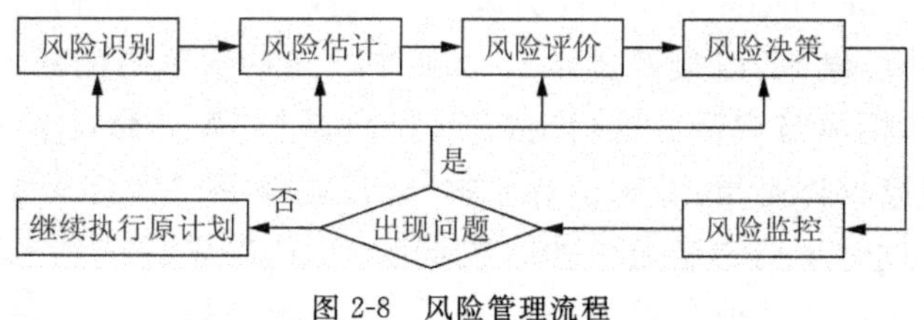

图 2-8　风险管理流程

(1)风险识别

风险识别(Risk Identification)，也称为危险识别或风险辨别，是在特定系统中确定风险因素并定义其特征的过程[88]。风险识别是风险管理的基础和起点，通常意义上说，风险识别的任务是辨认本经济单位所面临的风险有哪些，确定各风险的性质，分析可能发生的损失及明确风险损失所处的具体部门。风险识别的意义在于，如果不能准确辨明所面临的各种风险，就会失去切实处理这些风险的机会，因而使得风险管理的职能不能得到正常发挥，自然也就失去了对风险进行有效控制和处理的意义。当将风险识别的概念融入空域拥挤过程中时，由于拥挤本身是由于空域资源的供需不平衡引起的，因此确定交通需求与空域容量是造成空域拥挤的主要因素。

(2)风险估计

风险估计(Risk Estimation)，也称为风险衡量，是在特定系统中对风险损失的大小进行定量计算的过程[89]。通常意义上说，风险估计主要包括：频率分析(Frequency Analysis)，即特定风险因素发生的频率或概率分析；后果分析(Consequence Analysis)，即分析特定风险因素在环境因素下可能导致的各种事故后果极其可能造成的损失，包括情景分析和损失分析。情景分析（Scenario Analysis），即分析特定风险因素在环境因素下可能导致的各种事故后果；损失分析（Loss Analysis），即分析特定后果对其他事物的影响，进一步得出其对某一部分的利益造成的损失，并进行量化。如果将风险估计的概念融入空域拥挤过程中，则衡量交通需求与空域容量造成空域拥挤风险的概率值，并对不同风险概率下可能造成的空域拥挤损失成本进行量化，是空域拥挤风险估计的主要任务。

（3）风险评价

对特定系统中所有危险进行风险估计之后，就需要根据相应的风险标准判断该危险是否可以被系统所接受，是否需要采取进一步的安全措施，这就是风险评价（Risk Evaluation）[89]。通常意义上，风险评价与风险估计可以同时实施。在空域拥挤风险管理过程中，也将风险评价过程融入风险估计过程。

（4）风险决策

风险决策（Risk Decision），也称为风险防范或风险应对。通常而言，风险决策时根据风险评估的结果，以最低成本最大限度降低系统风险的动态过程。一般的风险应对方法包括风险规避、风险转移和风险分散等[122]。而在空域拥挤风险决策过程中，风险决策具体是指：基于运行成本、运行安全等目标的考量，将预测到的空域运行风险，通过优化空中交通流的时空调配，转化到未预测到风险、或风险较低的空域或时段，从而转移或分散空域拥挤风险，平衡空域时空资源的供需关系，提高空域资源的时空利用效率。

（5）风险监控

风险监控（Risk Control），包括风险的监测与控制。风险监测，就是在风险管理过程中对风险进行跟踪，监视已识别的风险和残余风险、识别进程中的新风险，并在实施风险应对计划后评估风险应对措施对减轻风险的效果[122]。风险控制则是在风险监视的基础上，实施风险管理规划和风险应对计划，并在情况发生变化时，重新修正风险管理规划或风险应对措施。在某段时间内，风险监测和控制交替进行，即发现风险后经常需要马上采取控制措施，或风险因素消失后立即调整风险应对措施。因此，常常将风险监测和控制整合起来考虑。如果将风险监控的概念融入空域拥挤过程中，就是以空域拥挤风险概率为参照，通过确定空域拥挤风险解决策略的实施时间与拥挤风险概率阈值，监控空域拥挤风险管理全过程，并随时调整需要交通流的时空分布；反之，一旦通过交通流时空调配解决了当前高风险拥挤，则需要对未来空域拥挤的风险重新进行估计，从而调整相应的空域拥挤风险解决策略的实施时间与拥挤风险概率阈值，并修正相关的交通流调配方案。

3. 空中交通流量统计与预测技术

空中交通流量统计与预测是进行空域拥挤风险管理的重要前提，客观、准确的交通需求预测，有助于实施科学、精准的空域拥挤风险管理。从预测时间范围上，空中交通流量统计与预测可以分为战略级、预战术级、战术级三个层面。其中，战略级流量统计与预测一般从宏观角度出发，以较长时间内（通常以年、月或日为单位）空中交通流的变化发展态势为主要预测对象，以历史数据为统计预测依据，把握某空域范围内流量的整体分布趋势和演化规律；预战术和战术级流量统计与预测主要从运行角度出发，以中短期空中交通流的变化发展态势为主要预测对象，以近期航班时刻表、飞行计划报、实时动态雷达数据等为依据，掌握某空域的流量分布态势及组织规律，为冲突告警提供决策支持数据，为空域拥挤管理人员提供流量控制策略。

1）战略级流量预测方法

战略级流量预测始于地面交通领域，逐渐发展成熟，并推广到空中交通领域。此类方法通常基于历史统计数据，与宏观经济发展和行业规划紧密相连，对我国民航运输产业发展有着重要的指导意义，具备宏观战略调控和实际运行管理的双重作用：既可以为国家空域结构的调整规划、全国航班计划制定提供数据参考；又可以为缓解地区空域拥挤、规划机场和区域管制中心建设提供技术支持。为了实现上述目标，需要采用科学、成熟、合理的预测方法对空中交通流量进行战略级流量预测，主要方法包括定性预测法和定量预测法。

（1）定性预测法

定性预测法是指预测者经过调查研究，掌握资料后凭个人经验、知识，对经济现象和发展前景的性质、方向、规模等做出推断，有时也包括粗略的计算[122]。定性预测方法主要用于意见相悖的场合、无法建立任何数学模型的场合以及那些后果难以直接肯定或者无法验证的场合，并通常依赖于经验判断或专家评估，其预测结果大都取决于预测者的经验、学识水平以及对资料的了解程度，因而带有比较浓厚的主观色彩和个人随意性。此类预测方法的优点在于预测过程较为简单、易行、综合性较强，且对资料要求低，能考虑各类因素，包括政治的、气候的和心理的等无法测定的因素；缺点是预测结果受人为地主观因素的影响较大，客观确定性较差，且预测结果的精度难以估计和控制。在空中交通流量的定性预测过程中，通常可经由一组对民用航空交通运输熟悉的专家，对从各不同来源和不同方法得到的预测方案，依据个人以往经验和现有条件进行判断，并做出各自的推测，然后综合成小组的集体推测，编制对未来交通量的预测。目前，常用的定性预测法包括德尔菲方法、主观概率法、相互影响法、情景预测法等。

(2)定量预测法

定量预测法通常根据已掌握的比较完备的历史统计数据或因素变量，运用一定的数学方法进行科学的加工整理，借以揭示有关变量之间的规律性联系。此类方法主要用于预测未来不同时间段内的交通流量发展态势和变化规律。目前，常用的定量预测法包括趋势预测法、回归模型预测法、时间序列预测法、马尔可夫预测法、神经网络预测法、灰色系统预测法等。[123-126]

2)战术级流量预测方法

战术级流量预测主要应用于空中交通管理领域，通常以短期或实时更新的空域结构、飞行计划、雷达和气象等数据为预测基础，综合空域结构、管制规则、设备配置、空域用户和天气状况等因素的影响，以四维航迹推测为主要方式，对给定时间(通常为六小时)内机场空侧、终端区、扇区、航路点、航路段、区域等各类空域单元中的航空器数量进行预测。通过战术流量管理，在聚合交通流管理方面，可以协助空中交通管理人员提前了解交通流量发展变化态势，预知潜在的空域拥挤，对相应的时空范围实施流量优化调配，避免由于交通需求预测缺失导致的盲目、粗放的流控措施；在微观飞行保障方面，可以协助管制员预防由于交通需求压力过大造成的航空器危险接近，保证空中交通的安全、顺畅、高效运行；在空域运行评估方面，可以通过各类空域单元的交通需求分布预测，评估各类空域资源的供需平衡关系，并为扇区、航路、进离场航线等的划设、配置、分割与合并提供数据参考；在航班运营方面，可以通过预测各航空公司的交通需求配置，为合理、公平制定航班时刻表提供决策支持。根据能否对给定范围内的航空器飞行轨迹进行实时修正和校正，可以将战术级流量预测方法分为基于动、静态航迹推测的流量预测方法等。

(1)基于静态航迹推测的流量预测方法

该方法以航班时刻为主要数据来源，结合空域结构、管制规则、航路航线分布、航空器性能、天气条件以及军民航空域使用状况等基础性数据，以航空器在航线上各点的飞行速度要求或航线上点到点之间的经验飞行时间为依据，通过构建航空器4D航迹推测模型，并引入优化算法，推算出航空器飞经航线各点的时间，进而统计出给定机场终端区、航路航线、扇区、区域、航路点或航路段的空中交通需求。该预测方法的不足在于：通常航空器的飞行速度要求或点到点的经验飞行时间主要以航班时刻表为参考，精度较低；加之，实际运行管理中经常出现的非计划内航班延误、取消、增加和改航等不确定状况，容易造成航空器4D航迹推算精度的缺失，从而在一定程度上丧失了该方法预测结果的准确性。

(2)基于动态航迹推测的流量预测方法

该方法在依托基于静态航迹推测的流量预测方法所使用的空域、飞行、气象等基础数据的同时，以航空器 4D 航迹推测模型和算法（包括大圆航迹和等角航迹推测算法、基于飞行意图的航迹推测算法、基于运动方程和空气动力学方程的航迹推测模型等）为基础，推算各航空器的 4D 时空位置数据；然后，通过整合飞行计划报来确定航班的起飞时间和计划飞行路径，通过接受雷达数据、风速等实时数据来修正航班当前的飞行速度、校准过点时间，进而通过保证航空器 4D 航迹推测精度；最后，基于各航路点、航路段和扇区信息和 4D 时空位置数据，通过流量统计预测模型，求得相应空域范围内的流量预测值。较之基于静态航迹推测的流量预测方法，该方法结果的准确性更高。图 2-9 给出基于动态航迹推测的流量预测流程图。

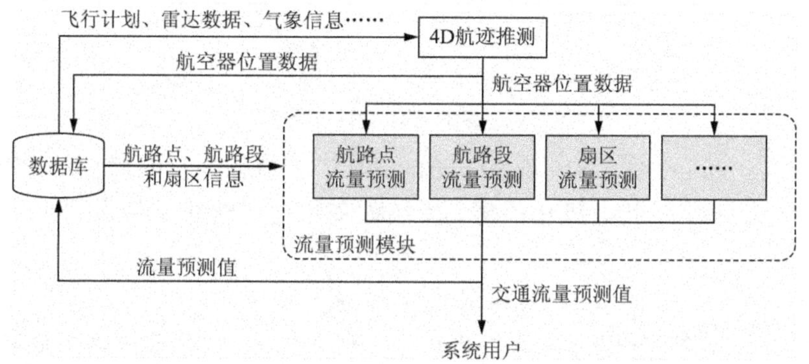

图 2-9　动态流量统计预测流程

4. 多目标优化技术

1）多目标优化问题

在现代社会的科学研究和实际应用中，如何在给定可行区域上实现多个目标的最优决策，是经常需要面临的问题。举例而言，空域拥挤风险解决的过程中需要考虑运行成本与运行风险之间的平衡：运行成本，即缩短航空器飞行时间、避免不必要的延误；运行风险，即降低空域内可能发生拥挤的可能性、避免航空器飞行冲突；此外，还要兼顾空域用户延误分配的公平性、全局交通流的平衡性等目标。通常情况下，这些目标是相互冲突的，而强求获得一个比解集中的所有解都好的最优解并不科学，也不必要；也就是说，一个解在相对达到某个目标最优的同时，可能丧失了其他目标的最优性。因此，在解决空域拥挤问题时，需要秉持一种若干目标之间的均衡性原则加以妥善处理，而这种给定区域上的多值优化问题就是多目标优化问题（Multi-objective Optimization Problem，MOP）。简而言之，就是寻找一组决策变量的取值，可以再满足约束条件的同时，实现总目标函数的最优。其中，构成总目标函数的元素称为子目标函数[127,128]，是对性能评价标准的数学表征，相互之间通常存在着冲突与矛盾关系。因此，多目标的优化过程实质上就是寻找一个解的过程。这个解是若干子目标共同适宜的结果，在这个适宜的结果中，所有用于表征子目标函数的性能指标都是可接受的、较优的解决方案，其通用框架如图 2-10 所示。

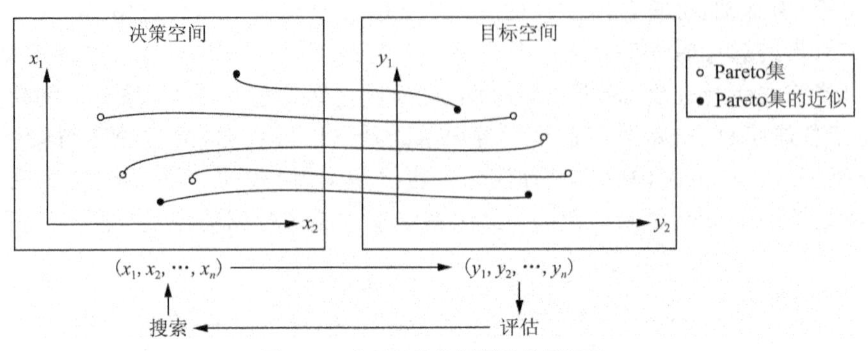

图 2-10　多目标优化问题的通用框架

2000 年，Veldhuizen 和 Lamont 严格定义了多目标优化问题概念[128]，为不失一般性，在此只讨论最小优化问题，因为最大优化问题很容易转化成最小优化问题。

定义 1[128]　一个 MOP 是指最小化目标函数 $F(x) = f(f_1(x), f_2(x), \cdots, f_m(x))$，并满足约束条件 $g_i(x) \leqslant 0, i = 1, \cdots, k, x \in \Omega$（$\Omega$ 是决策变量空间）的问题。一个 MOP 的解是最小化 m 维的目标向量 $F(x)$ 的各个分量，这里 $x = (x_1, x_2, \cdots, x_n)$ 是一个 n 维决策向量。

如上所述，MOP 问题的本质就是：大多数情况下，各子目标之间存在着冲突矛盾关系，某个子目标的改善可能造成其他子目标性能的降低；也就是说，期望多个子目标同时实现共同最优是不现实的——这就需要以折中和权衡的方式尽量满足各子目标的最优化要求。基于此本质分析，可知多目标优化问题较之单目标优化问题，其解的表征和内涵都存在差异性：单目标优化问题以单一点集合构成可行解集，其间每个解都可以根据各自目标函数值的优劣进行排序；多目标优化问题以一组点的集合构成可行解集，其间各个解的多目标优化情形不同，无法进行简单的排序。因此，为了表示多目标优化问题的搜索空间中不存在比这些解更优的解，法国经济学家 V. Pareto 提出了 Pareto 最优化的概念。

定义 2　给定决策变量 x_1 和 x_2，并定义如下：

(1)当且仅当 $\forall i \in \{1,2,\cdots,p\}$，$f_i(x_1) \leqslant f_i(x_2)$，并且 $\exists j \in \{1,2,\cdots,n\}$，使 $f_j(x_1) < f_j(x_2)$ 时，称 $x_1 \prec x_2$（x_1 支配 x_2，或 x_1 优于 x_2）。

(2)当且仅当 $\forall i \in \{1,2,\cdots,p\}$，$f_i(x_1) \leqslant f_i(x_2)$，称 $x_1 \prec x_2$（x_1 弱支配 x_2）。

(3) $\exists i,j \in \{1,2,\cdots,p\}$，使 $f_i(x_1) < f_i(x_2)$ 且 $f_j(x_1) > f_j(x_2)$，则称 x_1 无差别于 x_2。

(4)若 $\exists x^* \in X \subseteq E^n$，使得 x^* 比多目标优化模型的约束集 X 中的所有其他点都优越，则称 x^* 是多目标极小化模型的最优解。

(5)若 $\chi \in X \subseteq E^n$，并且在多目标优化模型的约束集 X 中不存在比 χ 更优越的其他点，则称 χ 是多目标极小化模型的 Pareto 最优解，或称非劣解。

(6)若 $Y \subseteq X \subseteq E^n$ 是多目标极小化模型的 Pareto 最优解集，则 Y 称为 X 的非劣集，$f(Y)$ 称为 Pareto 最优解前端，如图 2-11 所示。

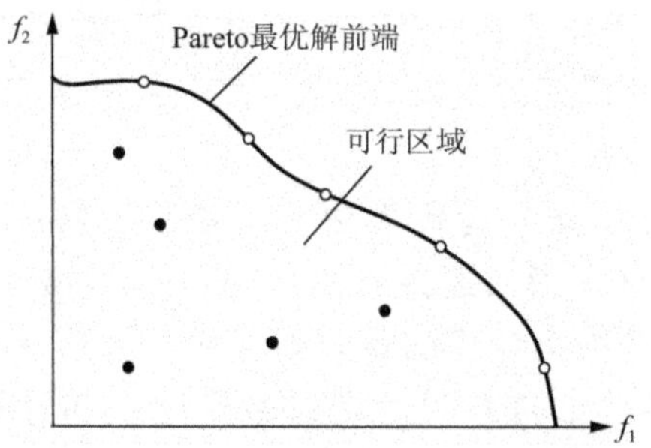

图 2-11　Pareto 最优解前端和可行域示意图

综上定义可知，Pareto 最优解具有以下特点：一是相对性，Pareto 最优解不是类似于单目标优化的单一最优解，而是若干个解的存在；就解的实质而言，一个 Pareto 最优解未必是最优的，只是相对可接受的、不坏的。二是绝对性，如果一个多目标优化问题存在最优解，则必定是 Pareto 最优解；如果这个多目标优化问题存在 Pareto 最优解，那么只能由最优解构成，不包含其他解。三是主观性，理论上 Pareto 最优解以集合的形式存在；实际运行中，主要是根据对问题的认知程度和决策管理人员的偏好意图等因素，从集合中选取一个或部分解作为所求多目标优化问题的最优解，进而确定实际应用问题的最后解决方案。

多目标优化问题作为一种现实世界中的普遍存在，几百年来不断更新其认知过程：18 世纪 70 年代，PARETO V 提出了多目标问题矛盾的协调问题，从数学角度引入 Pareto 最优解的概念，进行了多目标最优决策论证。20 世纪 50 年代，多目标优化方法和理论的研究不断推进，直至 90 年代陆续出现了加权和法、目标规划法、约束法等多种基于权重的多目标优化方法。近年来，随着进化计算(Evolutionary Computation)技术、群智能(Swarm Intelligence)方法以及计算机科学在科研实践中的推广应用，进化算法在多目标优化问题求解中的优势逐渐凸显。该算法可以将解集视为群体对象，实现多个 Pareto 最优解的并行搜寻。目前，多目标进

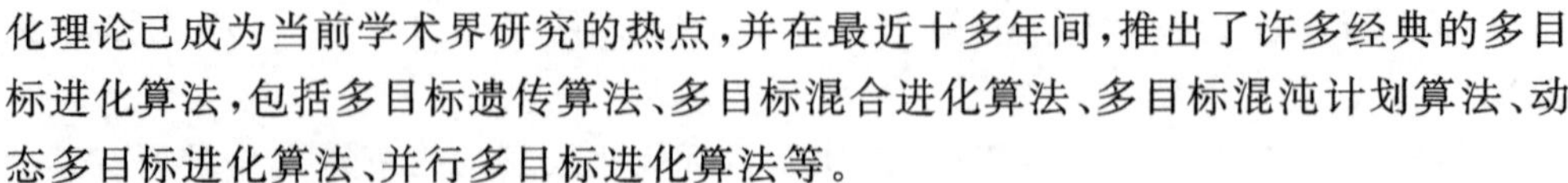

化理论已成为当前学术界研究的热点，并在最近十多年间，推出了许多经典的多目标进化算法，包括多目标遗传算法、多目标混合进化算法、多目标混沌计划算法、动态多目标进化算法、并行多目标进化算法等。

2)多目标遗传算法

在研究多目标优化问题的初期，通常利用效用函数，将多个目标函数合并、转化为单一目标的形式来实施优化。其中，主要的求解方法包括多目标加权法、层次优化法、ε-约束法、全局准则法、目标规划法等。这些方法要求效用函数作为优化的先决条件存在，存在着不足：效用函数选取的优劣通常要在优化之后方能确定，因此往往造成用转化为单一目标的优化形式所获得的“理想解”实际上却偏离于可行域之外。为此，不断有研究提出解决方法，其中利用遗传算法来求解多目标优化问题，不失为一种非常有效的手段。

多目标遗传算法是依托与遗传算法研究基础上发展起来的。20 世纪 70 年代，美国 Holland 教授首次指出遗传算法(Genetic Algorithm，GA)是对生物遗传进化过程的数学仿真，是进化计算的重要形式之一。该算法以达尔文进化论为基础，将适者生存、优胜劣汰的进化过程通过数学建模和计算机仿真的形式表现出来：利用解空间点的形式模拟生物体的遗传基因，用目标函数的方式评估生物体的适应能力，利用选择、交叉、变异操作模拟不断淘汰劣势基因、生成先进个体的进化过程。利用简单的编码技术和繁殖机制，遗传算法实现了复杂生态过程的数学转化，并利用全局并行搜索技术找到优化群体中的最优个体，完成最优解的求取过程，解决了传统搜索方法无法解决的复杂性和非线性问题。该算法稳定性高、健壮性强，在运行过程中不易受外界环境变化的影响，尤其适用于一些较为大型的、复杂的系统优化问题；较之传统优化方法，可以对非线性的、多目标的函数优化问题以及组合优化中的 NP 完全问题顺利求解，并得到较好的结果；此外，该算法以整个群体为对象实施优化操作，且落实于群体中的各个个体，结合多目标优化最优解的定义可知，可以用遗传算法来解决多目标优化 Pareto 最优的问题。综合上述优点，遗传算法适用于整个解集的种群进化过程，并以一种高度并行、随机搜索的全局优化方式，找到多个非劣解，实现决策者在多个解中最终决策方案的选择。

针对利用遗传算法实施多目标优化，不断有研究在遗传操作设计和多目标优化方法两方面进行了深入探索，目标已提出了多种方法，如权重系数法、并列选择法、排序选择法、共享函数法、多目标遗传算法、向量评估遗传算法(VEGA)、非劣分类遗传算法(NSGA)、基于距离 Pareto 算法(DPGA)、小生境 Pareto 算法(NPGA)等[129-135]，各种算法各有优势和不足。但总体而言，从算法基本结构出发，求解多目标问题的遗传算法与求解单目标问题的遗传算法大致相似，主要区别在于多目标求解过程中需要考虑 Pareto 最优解的评价问题，进而设计与之相适应的选择算子、交叉算子和变异算子，并实现如下三个目标[136-141]：

(1)如何实施适应度分配与选择，并改善算法收敛性，从而避免算法早熟收敛，使进化过程朝 Pareto 集定向搜索。

(2)如何保持非劣解集的多样性和种群的多样性。

(3)如何提高多目标演化算法的求解效率。

5. 概率空域拥挤管理技术

综上所述，概率空域拥挤管理是在空中交通管理、空中交通流量管理、概率交通需求、不确定空域容量、空域拥挤风险管理和概率空域拥挤管理等构成概念要素基础上，融合空中交通流量管理、风险管理、空中交通流量的统计与预测、容量评估，以及多目标优化等多种技术，而提出的技术方法。概率空域拥挤管理的过程如图 2-12 所示。

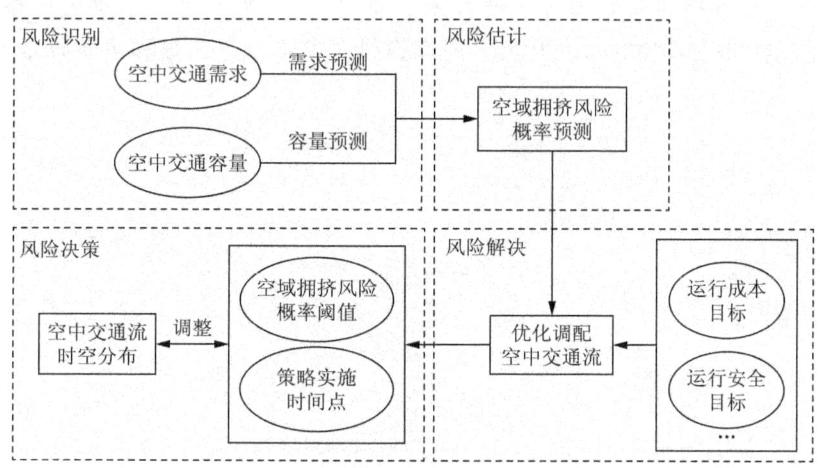

图 2-12　概率空域拥挤管理技术流程

首先，通过空域资源的供需不平衡分析，利用风险识别确定交通需求与空域容量是造成空域拥挤的主要因素；其次，通过衡量交通需求与空域容量造成空域拥挤的概率值，完成空域拥挤风险估计和风险评价；再次，基于运行成本、运行安全等目标的考量，将预测到的空域运行风险，通过空中交通流的时空调配优化，进行转移或分散，完成空域拥挤风险解决。在上述基础上，通过确定空域拥挤风险解决策略的实施时间与拥挤风险概率阈值，监测空域拥挤风险管理全过程，并随时调整需要交通流的时空分布；同时，根据不断变化的空域运行情况，调整相应空域拥挤风险解决策略的实施时间与拥挤风险概率阈值，并修正相关的交通流调配方案，实现空域拥挤风险的管理决策。

2.5 本章小结

本章首先通过定义概率空域拥挤管理所包括的基本概念要素，如空中交通管理、空中交通流量管理、风险管理、概率交通需求、不确定空域容量、空域拥挤风险和空域拥挤风险管理等，给出各个概念之间的衍生或推演关系，建立概率空域拥挤管理概念要素体系。其次，分析了概率空域拥挤管理的基本原理，在空中交通运行分析的基础上，建立了不确定因素影响下的概率空域拥挤管理的具体过程与内在关系。最后，给出了主要概念要素与主要技术之间的关系，阐述了概率空域拥挤管理过程中所采用的空中交通流量管理、风险管理、空中交通流量统计与预测、多目标优化和空域拥挤风险管理等主要技术。总之，通过本章对概率空域拥挤管理研究基础的总体论述，为本书展开后续研究提供了基本理论依据和主要技术说明。

第3章

空域拥挤风险预测研究

3.1 概述

随着我国航空运输事业的迅速扩大，各类空域用户的使用需求不断提升，空中交通流量飞速增长，空域拥挤现象日益严重，由此引发的大面积航班延误问题日趋凸显，而现有的空中交通流量管理仅依靠空管人员的经验或简单的历史数据统计粗略预测空域发生拥挤的可能性。由于我国空中交通流量的大幅增加，空域运行环境的不断变化，这种尚处于粗放式、本地化的预测方式逐渐无法应对不断复杂化、动态化的空中交通流量管理，其预测结果往往与实际运行发生偏差，使得原本已经繁重的空中交通运行压力进一步加深。为了避免由预测措施不利导致流量管理措施不当，从而引发空域拥挤负面影响进一步的扩大，需要对空域运行状况建立具有前瞻性的预测机制与方法。

针对复杂化、动态化的空域运行环境，建立空域拥挤风险预测模型与方法，是实施科学的空域拥挤风险管理的前提和基础，对于降低空域拥挤，提高交通流量管理效率和效能，保证航空运输安全和稳定运行具有十分重要的现实意义。本章在第二章概率空域拥挤管理研究基础上，针对概率空域拥挤管理过程中的风险预测问题，从空域扇区交通需求预测与容量评估入手，将空域容量视为一种参考依据，重点分析空域扇区交通需求预测的不确定性问题，建立空域扇区概率需求预测模型为主，进而结合不确定性容量分析，建立空域拥挤风险预测模型与方法，为空中交通流量管理策略的建立提供更为准确、合理、科学的数据支持。

3.2 问题描述

根据空域拥挤风险管理原理，进行概率空域拥挤管理，对空域拥挤进行风险预测是前提，即通过分析空域拥挤风险概率，来分析判断未来一段时间空域范围内是否存在空域拥挤风险;而进行空域拥挤风险预测,从根本上讲,就是通过掌握未来一段时间内、某空域范围中交通需求与容量的不确定变化,判断容流是否匹配,空域资源是否能够满足用户的需求。空域扇区作为空中交通运行的基本单位,是体现这种风险变化的运行载体,本章以空域扇区为分析对象,从不确定角度,分析未来一段时间内扇区中的交通需求与容量的预测问题,在分别量化两者不确定性的基础上,将交通需求与容量预测相关联,建立符合运行实际的空域拥挤风险概率预测模型和方法。

综上所述,概率空域拥挤管理下的空域拥挤风险预测需要解决的主要问题就是:首先,分析不确定性因素对空域扇区交通需求与空域容量的影响;其次,通过掌握两者的变化与匹配,确定未来一段时间内扇区中可能发生的空域拥挤风险问题。以下从两个方面分别进行具体分析。

1. 解决空域扇区容流的不确定性问题

一方面,空域扇区的交通需求预测具有不确定性。在实际运行中,如恶劣天气影响等原因造成的航空器飞行速度/高度/航向改变、航班取消/恢复、进/离场时刻延误,或风预测以及航空器性能建模中的不确定性等诸多不确定因素都会造成航空器飞行轨迹预测的不确定性,从而使传统航迹预测方式下航空器沿航路的点到点直线飞行在实际飞行轨迹中发生偏离,造成在未来一段时间内航空器的飞行时间和空间都具有不可预测性;此外,随着预测时间尺度的不断增加,由于预测模型、输入数据等客观原因,确定性结果的精确性就会随之下降。诸如上述的不确定性因素对交通需求的影响,通常表现为航空器进入或离开空域扇区的时间具有随机性,从而使该航空器占用此扇区的时间也具有随机性,服从一定的概率分布,如图 3-1 所示。因此,未来一定时间内预测到的某扇区交通流量需求也就具有随机性。本章将通过建立空域扇区概率需求预测模型,将这种随机性进行量化,也就是预测扇区的概率交通需求。

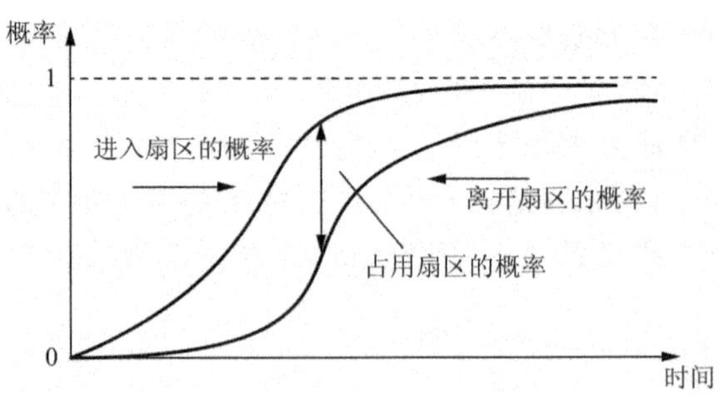

图 3-1 航空器进入、离开和占用空域分布函数示意图

另一方面,空域扇区容量具有不确定性。实际运行中,如航路上的云层分布、温度、高空风风速、风向、特殊天气以及雷暴、颠簸或积冰等恶劣天气,或者军用空

域分布及其使用情况（如军用训练空域、军用机场穿云航线及其使用情况），危险区、限制区、禁区分布和激活状态等空域使用情况都会造成非计划内的空域运行结构改变，使空域运行方式不可预测。

传统的容量评估方式下通常将某空域单位时间内的航空器到达率视为该空域的容量，则不同空域运行方式下对应的空域容量也不同，对应于空域运行方式的不确定性，其容量也具有不确定性。这种不确定性表现为该空域的容量服从一定的概率分布，如图 3-2 所示。

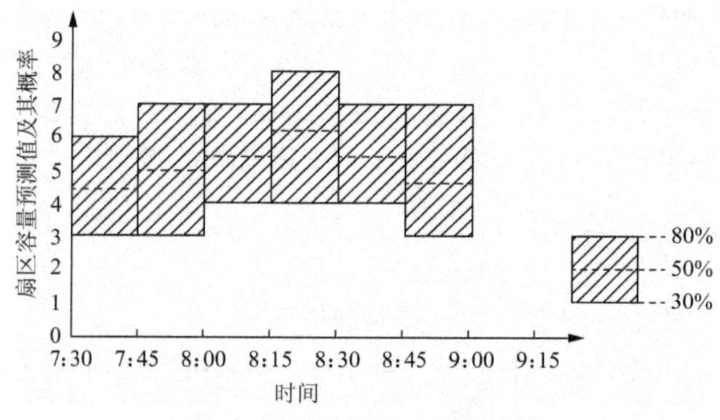

图 3-2　扇区交通容量预测示意图

2.解决空域扇区不确定容流的匹配问题

针对空域扇区不确定性的交通需求预测与容量预测，本章将建立空域拥挤风险预测模型，旨在监测空中交通需求与容量的随机性变化。具体来说，不仅需要监测需求超出容量的状况，同时还要评估发生这种状况的可能性，即要求空中交通管理者综合容量与需求各自的随机性变化规律，把握未来一段时间内空域中容流不匹配的状况及其概率分布规律，一旦预测需求超过容量且风险概率超过经验阈值时，就认为该空域存在潜在拥挤风险，如图 3-3 所示。

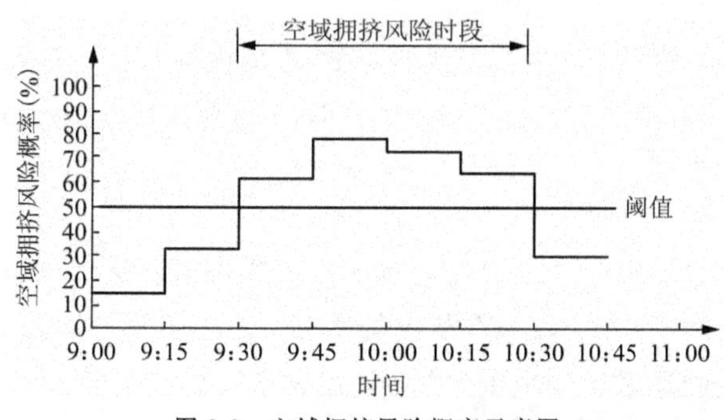

图 3-3　空域拥挤风险概率示意图

综上所述，本章将针对空域扇区交通需求预测、容流的不确定性匹配两个问题，分别通过空域扇区概率需求预测研究和空域拥挤风险预测进行分析、建模与仿真。

3.3 空域扇区概率需求预测

基于上述影响扇区交通需求预测的主要因素，即航空器的到达扇区时间、扇区飞行时间和离开扇区时间，通过分析这三个因素的随机特征，建立扇区空域的概率需求预测模型，并通过实际运行数据和预测数据，统计分析各随机变量的数字特征，结合预测模型量化未来一段时间内扇区交通需求的不确定分布及其变化规律。

3.3.1 参数及符号说明

- T 为空中交通需求预测的目标时间区间；
- F 为航空器集合，且航空器 $f_i \in F$, $i = 1,\cdots,N_f$, N_f 为航空器总数；
- C 为边界点集合，且有边界点 $c_k, c_n, c_m, c_l \in C$；
- ξ表示事件“航空器 f_i 到达 c_k 发生延误”，ξ' 表示事件“航空器 f_i 离开 c_k 发生延误”，ξ'' 表示事件“航空器 f_i 飞行速度随机变化”，$c_k \in C$；
- $t_{c_k,f_i}^{\mathrm{ata}}$ 为航空器 f_i 实际到达 c_k 的时刻，$t_{c_k,f_i}^{\mathrm{eta}}$ 为航空器 f_i 预计到达 c_k 的时刻，$t_{c_k,f_i}^{\mathrm{arr\_delay}}$ 为航空器 f_i 到达 c_k 的延误时段，则 $t_{c_k,f_i}^{\mathrm{ata}} = t_{c_k,f_i}^{\mathrm{eta}} + t_{c_k,f_i}^{\mathrm{arr\_delay}}$ ，且 $c_k \in C$, $f_i \in F$, $t_{c_k,f_i}^{\mathrm{ata}}, t_{c_k,f_i}^{\mathrm{eta}} \in T$；
- $t_{c_k,f_i}^{\mathrm{atd}}$ 为航空器 f_i 实际离开 c_k 的时刻，$t_{c_k,f_i}^{\mathrm{etd}}$ 为航空器 f_i 预计离开 c_k 的时刻，$t_{c_k,f_i}^{\mathrm{dep\_delay}}$ 为航空器 f_i 离开 k 的延误时段，则 $t_{c_k,f_i}^{\mathrm{atd}} = t_{c_k,f_i}^{\mathrm{etd}} + t_{c_k,f_i}^{\mathrm{dep\_delay}}$ ，且 $c_k \in C$, $f_i \in F$, $t_{c_k,f_i}^{\mathrm{atd}}, t_{c_k,f_i}^{\mathrm{etd}} \in T$；
- x 为任意给定的航空器 f_i 到达点 c_k 的延误时段，y 表示给定的航空器 f_i 离开点 c_k 的延误时段，Δx 为到达时段的高阶无穷小，Δy 表示离开时段的高阶无穷小，$x, y, \Delta x, \Delta y \in T$, $x > 0$, $y > 0$, $\Delta x > 0$, $\Delta y > 0$, $c_k \in C$；
- n 为“航空器 f_i 到达 c_k ”的总次数，n' 为“航空器 f_i 离开 c_k ”的总次数，$n(x)$ 为“ $t_{c_k,f_i}^{\mathrm{arr\_delay}}(\xi) \leqslant x$ ”发生的次数，$\Delta n(x)$ 为“ $x \leqslant t_{c_k,f_i}^{\mathrm{arr\_delay}}(\xi) \leqslant x + \Delta x$” 发生的次数，$\Delta n(y)$ 为“ $y \leqslant t_{c_k,f_i}^{\mathrm{dep\_delay}}(\xi') \leqslant y + \Delta y$ ”发生的次数；
- $d(c_k, c_l)$ 为边界点之间的距离($c_k, c_l \in C$)，且 $d(c_k, c_l) = d(c_l, c_k)$；

- $t_{f_i}^{(c_k,c_l)}$ 为航空器 f_i 从 c_k 至 c_l 的飞行时间，$c_k \neq c_l$，$c_k,c_l \in C$，$f_i \in F$；
- v_{f_i} 为航空器 f_i 的飞行速度矢量，$v_{f_i}^{\tau}$ 和 $v_{f_i}^{n}$ 分别为航空器 f_i 速度的水平分量和垂直分量，有 $v_{f_i} = (v_{f_i}^{\tau}, v_{f_i}^{n})$，$\overline{v}_{f_i}^{\tau}$ 为 $v_{f_i}^{\tau}$ 的均值，$f_i \in F$；
- $p_{\mathrm{IN},f_i}(t)$ 为航空器 f_i 在时间 t 进入某扇区的概率，$p_{\mathrm{OUT},f_i}(t)$ 为航空器 f_i 在时间 t 离开某扇区的概率，$p_{f_i}(t)$ 为航空器 f_i 在时间 t 处于某扇区内的概率，$f_i \in F$，$t \in T$；
- $P_M[m]$ 为某时间段内扇区中存在 m 架航空器的概率，M 为该扇区该时间段内可能存在的航空器总数量。

3.3.2 航空器运行过程的随机性

3.3.2.1 航空器到达时间的随机性及其概率分布

航空器 f_i 实际到达 c_k 时间为 $t_{c_k,f_i}^{\mathrm{ata}} = t_{c_k,f_i}^{\mathrm{eta}} + t_{c_k,f_i}^{\mathrm{arr\_delay}}$。由于航空器到达 c_k 的预计到达时间是预先规定的，因此 $t_{c_k,f_i}^{\mathrm{eta}}$ 为确定性变量；由于不确定因素的影响，航空器到达 c_k 的延误时间 $t_{c_k,f_i}^{\mathrm{arr\_delay}}$ 具有随机性，因此 $t_{c_k,f_i}^{\mathrm{arr\_delay}}$ 为随机变量，$t_{c_k,f_i}^{\mathrm{ata}}$ 也就为随机变量。由伯努利大数定理"如果某试验独立重复 n 次，且事件 a 发生 n_a 次，那么当 n 足够大时，事件 a 的发生频率 n_a/n 就接近该事件发生的概率，则事件 a 的分布函数为 $\Pr(a) \cong n_a/n$"可知，如果航空器 f_i 到达 c_k 时，事件 ξ"航空器 f_i 到达 c_k 发生延误"发生，则有 $t_{c_k,f_i}^{\mathrm{arr\_delay}}(\xi)$。对于任意给定的到达延误时段 x $(x > 0, x \in T)$，随机变量 $t_{c_k,f_i}^{\mathrm{ata}}$ 的分布函数等于"$t_{c_k,f_i}^{\mathrm{arr\_delay}}(\xi) \leqslant x$ 的次数 $n(x)$ 与航空器 f_i 到达 c_k 总次数 n 之间的比值"，即

$$F(x) = \Pr\{t_{c_k,f_i}^{\mathrm{arr\_delay}}(\xi) \leqslant x\} \cong \frac{n(x)}{n} \tag{3-1}$$

对于任意给定的到达延误时段 x $(x > 0, x \in T)$，根据概率密度与分布函数的定义及性质，如果"$x \leqslant t_{c_k,f_i}^{\mathrm{arr\_delay}}(\xi) \leqslant x + \Delta x$"发生的次数为 $\Delta n(x)$，则随机变量 $t_{c_k,f_i}^{\mathrm{ata}}$ 的概率密度函数为

$$\mathrm{pdf}(t_{c_k,f_i}^{\mathrm{ata}})\Delta x \cong \frac{\Delta n(x)}{n} \tag{3-2}$$

其中，n 足够大，Δx 足够小，$\Delta x > 0$，$x > 0$，且 $\Delta x, x \in T$。

3.3.2.2 航空器离开时间的随机性及其概率分布

同理，对于航空器 f_i 实际离开 c_k 的时间 $t_{c_k,f_i}^{\mathrm{atd}} = t_{c_k,f_i}^{\mathrm{etd}} + t_{c_k,f_i}^{\mathrm{dep\_delay}}$，$t_{c_k,f_i}^{\mathrm{etd}}$ 为确定性变量，$t_{c_k,f_i}^{\mathrm{dep\_delay}}$ 和 $t_{c_k,f_i}^{\mathrm{atd}}$ 为随机变量。如果航空器 f_i 离开 c_k 时，事件 ξ'"航空器 f_i 离开 c_k 发生延误"发生，则有 $t_{c_k,f_i}^{\mathrm{dep\_delay}}(\xi')$。对于任意给定的到达延误时段 y $(y > 0,$

$y \in T$)，如果“$y \leqslant t_{c_k,f_i}^{\text{dep\_delay}}(\xi') \leqslant y+\Delta y$”发生的次数为 $\Delta n(y)$，随机变量 t_{c_k,f_i}^{atd} 的概率密度函数就等于 $\Delta n(y)$ 与 n' 之间的比值，即

$$pdf(t_{c_k,f_i}^{atd})\Delta y \cong \frac{\Delta n(y)}{n'} \tag{3-3}$$

其中，n' 足够大，Δy 足够小，$\Delta y > 0$，$y > 0$，且 $\Delta y, y \in T$。

3.3.2.3 航空器飞行时间的随机性及其概率分布

在航空器 f_i 从 c_k 飞至 c_l 的飞行过程中，飞行速度随机变化，本书将其转化为笛卡儿坐标系下二维矢量 $v_{f_i}=(v_{f_i}^{\tau}, v_{f_i}^{n})$，其中 $v_{f_i}^{\tau}$ 和 $v_{f_i}^{n}$ 分别为航空器飞行速度的水平分量和垂直分量，如图 3-4 所示。

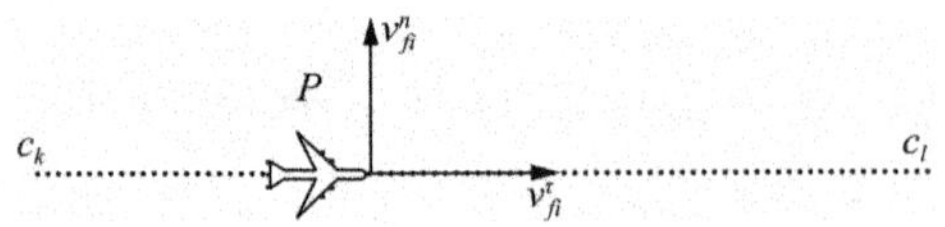

图 3-4　航空器飞行速度矢量示意图

由于实际运行中航空器实时飞行速度数据难以获取，观测航空器 f_i 从 c_k 飞至 c_l 的飞行时间 $t_{f_i}^{(c_k,c_l)}$ 较之 $v_{f_i}^{\tau}$ 和 $v_{f_i}^{n}$ 更加简单，因此本书将航空器 f_i 从 c_k 至 c_l 飞行速度的随机性转化为飞行时间 $t_{f_i}^{(c_k,c_l)}$ 的随机性。对于“航空器 f_i 从 c_k 飞至 c_l”，事件 ξ''“航空器 f_i 飞行速度随机变化”，则有 $t_{f_i}^{(c_k,c_l)}(\xi'')$，则水平速度分量 $v_{f_i}^{\tau}$ 的均值为 $\bar{v}_{f_i}^{\tau}(\xi'')=\dfrac{d(c_k,c_l)}{t_{f_i}^{(c_k,c_l)}(\xi'')}$，如图 3-5 所示。

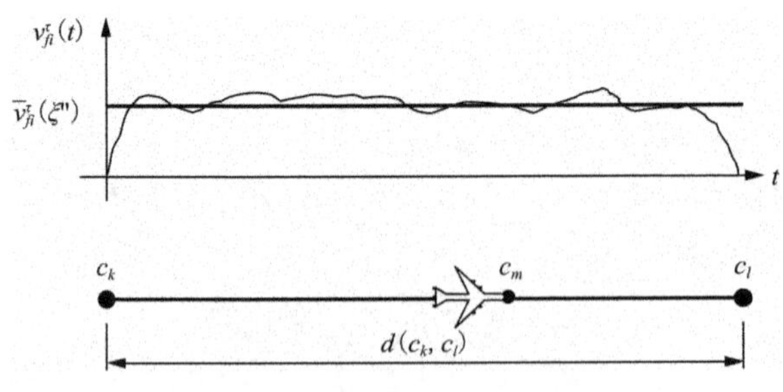

图 3-5　航空器飞行速度与飞行距离示意图

对于航空器 f_i 从 c_k 飞行至 c_l 途经其间的边界点 c_m 的过程，该航空器从 c_m 至 c_l 的飞行时间为

$$t_{f_i}^{(c_m,c_l)}=\frac{d(c_m,c_l)}{\bar{v}_{f_i}^{\tau}}=\frac{t_{f_i}^{(c_k,c_l)}(\xi'')\cdot d(c_m,c_l)}{d(c_k,c_l)} \tag{3-4}$$

到达 c_l 的时间为

$$t^{\text{ata}}_{c_l,f_i} = t^{\text{etd}}_{c_m,f_i} + t^{(c_m,c_l)}_{f_i} = t^{\text{etd}}_{c_m,f_i} + \frac{t^{(c_k,c_l)}_{f_i}(\xi'')\cdot d(c_m,c_l)}{d(c_k,c_l)} \tag{3-5}$$

则

$$t^{(c_k,c_l)}_{f_i}(\xi'') = \frac{[t^{\text{ata}}_{c_l,f_i}(\xi'') - t^{\text{etd}}_{c_m,f_i}]\cdot d(c_k,c_l)}{d(c_m,c_l)} \tag{3-6}$$

利用变量代换基本原理，可知航空器 f_i 从 c_k 经点 c_m 到达 c_l 的到达时间概率密度函数为

$$\text{pdf}_{t^{\text{ata}}_{c_l,f_i}}(t^{\text{ata}}_{c_l,f_i}) = \frac{d(c_k,c_l)}{d(c_m,c_l)}\text{pdf}_{t_i^{(c_k,c_l)}}\left[(t^{\text{ata}}_{c_l,f_i} - t^{\text{etd}}_{c_m,f_i})\frac{d(c_k,c_l)}{d(c_m,c_l)}\right] \tag{3-7}$$

3.3.3　空域扇区概率需求预测模型

如图 3-6 所示，对目标空域中的任一扇区，为了求取其概率需求，设定航空器 f_i 从起飞机场（视为边界点）c_k 经边界点 c_n 进入目标扇区，然后经边界点 c_m 离开目标扇区，并飞至目的机场（视为边界点）c_l 。如果雷达数据充分，令 $\text{pdf}(t^{\text{ata}}_{c_n,f_i})$ 为该航空器 f_i 到达 c_n 时间的概率密度函数，$\text{pdf}(t^{\text{atd}}_{c_m,f_i})$ 为该航空器离开 c_m 时间的概率密度函数，且 $\text{pdf}(t^{\text{ata}}_{c_n,f_i})$ 和 $\text{pdf}(t^{\text{atd}}_{c_m,f_i})$ 分别按公式(3-2)、(3-3)求取，则 f_i 在时间 t 到达边界点 c_m 进入目标空域扇区的概率为

$$p_{\text{IN},f_i}(t) = \int_{-\infty}^{t}\text{pdf}(t^{\text{ata}}_{c_n,f_i})dt^{\text{ata}}_{c_n,f_i} \tag{3-8}$$

在时间 t 离开目标空域扇区的概率为

$$p_{\text{OUT},f_i}(t) = \int_{-\infty}^{t}\text{pdf}(t^{\text{atd}}_{c_m,f_i})dt^{\text{atd}}_{c_m,f_i} \tag{3-9}$$

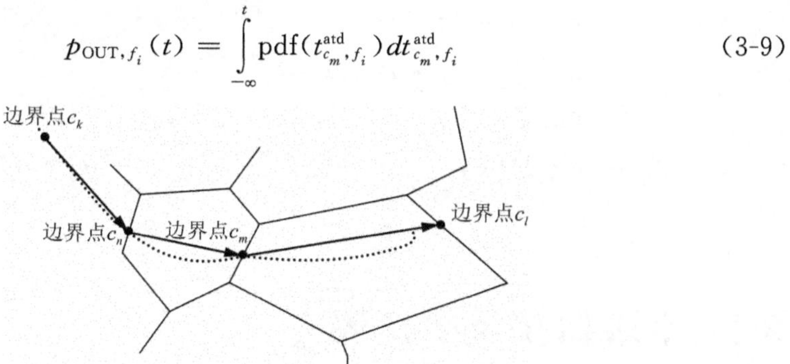

图 3-6　航空器飞行示意图

实际运行中，由于设备限制，可能无法准确获取航空器实际到达某边界点的时刻，因此难以准确得到航空器 f_i 由边界点进入和离开目标扇区的概率密度函数，

需要利用航空器的飞行时间求得，即用公式(3-7)分别替换公式(3-8)、(3-9)中 $\mathrm{pdf}(t_{c_n,f_i}^{\mathrm{ata}})$ 和 $pdf(t_{c_m,f_i}^{\mathrm{atd}})$ 的求取方式，具体过程如下：

(1)如果无法获得进入目标扇区 c_n 时间的概率密度函数，由于航空器经 c_n 的计划离开时刻较易获得，且起飞与目的机场之间的飞行时间概率分布较易获得，因此，通过统计航空器 f_i 从 c_k 至 c_l 的飞行时间概率分布，以及设定途经点 c_n 的计划离开时刻，利用公式(3-7)得到 $\mathrm{pdf}(t_{c_n,f_i}^{\mathrm{ata}})$ 为

$$\mathrm{pdf}_{t_{c_n,f_i}^{\mathrm{ata}}}(t_{c_n,f_i}^{\mathrm{ata}})=\frac{d(c_k,c_l)}{d(c_n,c_l)}\mathrm{pdf}_{t_i^{(c_k,c_l)}}\left[(t_{c_n,f_i}^{\mathrm{ata}}-t_{c_n,f_i}^{\mathrm{etd}})\frac{d(c_k,c_l)}{d(c_n,c_l)}\right] \tag{3-10}$$

(2)如果无法获得离开目标扇区 c_m 时间的概率密度函数，同理，由于航空器经 c_m 的计划离开时刻较易获得，且起飞与目的机场之间的飞行时间概率分布较易获得，因此，通过统计航空器 f_i 从 c_k 至 c_l 的飞行时间概率分布，以及设定途径点 c_m 的计划离开时刻，利用公式(3-7)得到 $\mathrm{pdf}(t_{c_m,f_i}^{\mathrm{ata}})$ 为

$$\mathrm{pdf}_{t_{c_m,f_i}^{\mathrm{ata}}}(t_{c_m,f_i}^{\mathrm{ata}})=\frac{d(c_k,c_l)}{d(c_m,c_l)}\mathrm{pdf}_{t_i^{(c_k,c_l)}}\left[(t_{c_m,f_i}^{\mathrm{ata}}-t_{c_m,f_i}^{\mathrm{etd}})\frac{d(c_k,c_l)}{d(c_m,c_l)}\right] \tag{3-11}$$

分别将公式(3-10)、(3-11)带入公式(3-8)、(3-9)中，即可求出运行数据存在限制的条件下，航空器 f_i 进出空域扇区时间的概率密度函数。从而可知，航空器 f_i 在时刻 t 在某目标空域扇区内的概率为

$$p_{f_i}(t)=p_{\mathrm{IN},f_i}(t)-p_{\mathrm{OUT},f_i}(t) \tag{3-12}$$

如果未来一段时段内某扇区可能有 M 架航空器飞行，则该时段内扇区中存在 m 架航空器的概率为：$P_M[m]$ ($0\leqslant m\leqslant M$)，则利用伪程序表示法，可知其值为

$$\begin{aligned}
&P_0[0]=1;\\
&\text{For }(i=1;\ i\leqslant M;\ i++)\\
&\{\ P_i[0]=(1-p_{f_i})\cdot P_{i-1}[0]\ ;\\
&\quad P_i[i]=p_{f_i}\cdot P_{i-1}[i-1]\ ;\\
&\quad \text{For }(k=1\ ;k\leqslant(i-1)\ ;\ k++)\\
&\qquad\{\ P_i[k]=p_{f_i}\cdot P_{i-1}[k-1]+(1-p_{f_i})\cdot P_{i-1}[k]\ ;\}\\
&\}
\end{aligned} \tag{3-13}$$

3.4 空域拥挤风险预测

3.4.1 参数及符号说明

- T 为空域拥挤风险预测的目标时间区间；

- F 为航空器集合，且航空器 $f_i \in F$ ，$i = 1, \cdots, N_f$ ，N_f 为目标扇区内可能出现的航空器最大数量；
- Sec 为空域扇区集合，且有目标扇区 $s \in \text{Sec}$；
- $p^s_{\text{IN},f_i}(t)$ 表示航空器 f_i 在时刻 t 进入目标扇区 s 的概率，$t \in T$ ，$s \in \text{Sec}$；
- $p^s_{\text{OUT},f_i}(t)$ 表示航空器 f_i 在时刻 t 离开目标扇区 s 的概率，$t \in T$ ，$s \in \text{Sec}$；
- $p^s_{f_i}(t)$ 表示时刻 t 航空器 f_i 在目标扇区 s 内的概率，$t \in T$ ，$s \in \text{Sec}$；
- $P^s_{N_f}[n]$ 表示扇区 s 中同时存在 n 架航空器的概率，$0 \leqslant n \leqslant N_f$ ，$s \in \text{Sec}$；
- P^s_n 表示扇区 s 中存在大于等于 n 架航空器的概率，$0 \leqslant n \leqslant N_f$ ，$s \in \text{Sec}$；
- n_c 表示扇区 s 的确定性容量值，且 $0 \leqslant n_c \leqslant N_f$ ，$s \in \text{Sec}$；
- $P^s_{\text{congestion}}$ 表示确定性容量下，扇区 s 发生拥挤的风险概率，$s \in \text{Sec}$；
- c^s_j 表示扇区 s 的不确定性容量值，Q^s_j 为其对应概率，N^s_{Capacity} 表示空域扇区不确定性容量值的数量，有 $\sum_{j=1}^{N^s_{\text{Capacity}}} Q^s_j = 1$ ，$j = 1, \cdots, N^s_{\text{Capacity}}$ ，$s \in \text{Sec}$；
- $P^s_{\max}$ 表示扇区 s 发生拥挤风险的概率阈值，$s \in \text{Sec}$；
- $U_s = \begin{cases} 1 & P^{s,j}_{\text{congestion}} > P^s_{\max} \\ 0 & \text{否则} \end{cases}$

  表示不确定容量条件下，空域扇区 s 发生拥挤的风险概率 $P^{s,j}_{\text{congestion}}$ 超过空域拥挤风险概率阈值 $P^s_{\max}$ ，$j = 1, \cdots, N^s_{\text{Capacity}}$ ，$s \in \text{Sec}$；
- P_{Airspace} 表示包含若干个扇区 s 的空域发生拥挤的风险概率，$s \in \text{Sec}$ 。

3.4.2 空域拥挤风险预测模型

根据空域扇区概率需求预测模型可知，航空器 f_i 在时间 $t\,(t \in T)$ 进入目标空域扇区 $s\,(s \in \text{Sec})$ 的概率为 $p^s_{\text{IN},f_i}(t)$ 以及在时间 t 离开扇区 s 的概率为 $p^s_{\text{OUT},f_i}(t)$ ，由公式(3-8)、(3-9)获得，则根据公式(3-12)可知，时间 t 时航空器 f 在扇区 s 内的概率为

$$p^s_{f_i}(t) = p^s_{\text{IN},f_i}(t) - p^s_{\text{OUT},f_i}(t) \tag{3-14}$$

如果未来目标时间区间内扇区 s 中最多有 N_f 架航空器飞行，航空器 f_i 在扇区 s 内的概率为 $p^s_{f_i}$ （$1 \leqslant i \leqslant N_f$，$s \in \text{Sec}$）。假设该时间区间内扇区 s 中同时存在 n （$0 \leqslant n \leqslant N_f$）架航空器，则该事件发生的概率为 $P^s_{N_f}[n]$ ，且有

$$
\begin{aligned}
& P_0^s[0] = 1\ ; \\
& \text{For}\ (i = 1\ ;\ i \leqslant N_f;\ i++) \\
& \{\ P_i^s[0] = (1 - p_{f_i}) \cdot P_{i-1}^s[0]\ ; \\
& \quad P_i^s[i] = p_{f_i} \cdot P_{i-1}^s[i-1]\ ; \\
& \quad \text{For}\ (k = 1\ ;\ k \leqslant (i-1)\ ;\ k++) \\
& \qquad \{\ P_i^s[k] = p_{f_i} \cdot P_{i-1}^s[k-1] + (1 - p_{f_i}) \cdot P_{i-1}^s[k]\ ;\ \} \\
& \}
\end{aligned}
\tag{3-15}
$$

因此，该目标时间区间内扇区 s 中存在大于等于 n 架航空器的概率为

$$
P_n^s = \sum_{k=n}^{N_f} P_{N_f}^s[k] \tag{3-16}
$$

如果根据当前通用的容量评估概念，将扇区容量视为确定值，即某时间区间内该扇区容量为恒值(设为 n_c)，且概率为 1。因此，如果该扇区在未来一定时间的交通需求超过容量值 n_c ，则认为该扇区具有发生空域拥挤的潜在风险，根据公式(3-16)可知，其空域拥挤风险概率为

$$
P_{\text{congestion}}^s = \sum_{k=n_c}^{N_f} P_{N_f}^s[k] \tag{3-17}
$$

但是，随着对容量认知的更新，容量值同样存在不确定性，即未来某时间段内扇区容量值服从一定概率分布。在此引入该理念，认为某时间区间内扇区容量为 c_j^s ，对应概率为 Q_j^s 。如果该扇区在未来一定时间的交通需求超过容量，则认为发生了空域拥挤，并将风险概率修正为

$$
P_{\text{congestion}}^{s,j} = Q_j^s \cdot P_{\text{congestion}}^s = Q_j^s \cdot \sum_{k=c_j^s}^{N_f} P_{N_f}[k]\ ,\ (\ j = \mathop{\text{argmax}}_{j=1,\cdots,N_{\text{Capacity}}^s} \{Q_j^s\}\ ) \tag{3-18}
$$

因此，当扇区 s 的拥挤风险概率 $P_{\text{congestion}}^{s,j}$ 超过给定的单个扇区 s 拥挤风险概率阈值 $P_{\max}^s$ ，就认为扇区 s 发生了拥挤。如果目标空域范围内共有若干个扇区发生拥挤，则其中最大的扇区拥挤风险概率视为此空域内发生拥挤的概率，即

$$
P_{\text{Airspace}} = \max_{s \in \text{Sec}} (P_{\text{congestion}}^{s,j} \cdot U_s) \tag{3-19}
$$

3.4.3 空域拥挤风险预测方法

在已有研究[56-57]的基础上进一步改进，获得空域拥挤风险预测过程，具体步骤如下。

(1)根据空域扇区概率需求预测模型，基于已有的流量统计与预测系统[56-57]，实现目标空域各扇区的概率需求预测。

①初始化航空器信息，具体步骤如图 3-7 所示。

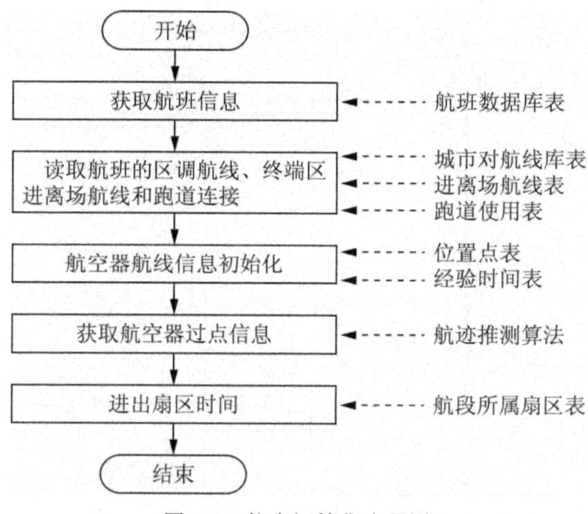

图 3-7　航班初始化流程图

第一步　读取航班数据库表，对目标时间段内目标空域内所涉及的航空器，初始化其起飞、爬升、巡航、下降和着落过程的航线信息，包括航空器的起降机场、预计起降时间、进离场航线信息、跑道信息等。

第二步　初始化航空器的航线信息，即基于流量的动态统计与预测方法[56,57]，计算每架航空器飞经航线上各点间的距离、飞行时间和过点时刻。

第三步　基于大圆航迹推测或等角航迹推测等方法，结合航段所属扇区表，推算出每架航空器进出扇区的时间，从而获得每架航空器在其各自航线上飞行的计划时间。

②更新航空器信息，具体步骤如图 3-8 所示。

第一步　根据实际起飞降落时间、动态雷达数据和跑道更新等信息对原初始航班进行更新，检查航班数据库表，判断是否有新添加的航班信息：

- 如果有新增航班，则返回进行航班初始化；
- 否则，返回继续查询。

第二步　依次检查航班信息动态表、跑道变更信息表、航班信息动态表和动态雷达数据表，判断航空器的进离场航线、使用跑道、实际起飞\降落时间和航路过点时间是否有变化：

- 如果上述信息发生变化，则更新相应信息；
- 否则，返回继续查询是否有新增航班。

第三步　根据上述修正后的信息，更新航空器相应的进出扇区时间。

③预测空域扇区的概率需求，具体步骤如图 3-9 所示。

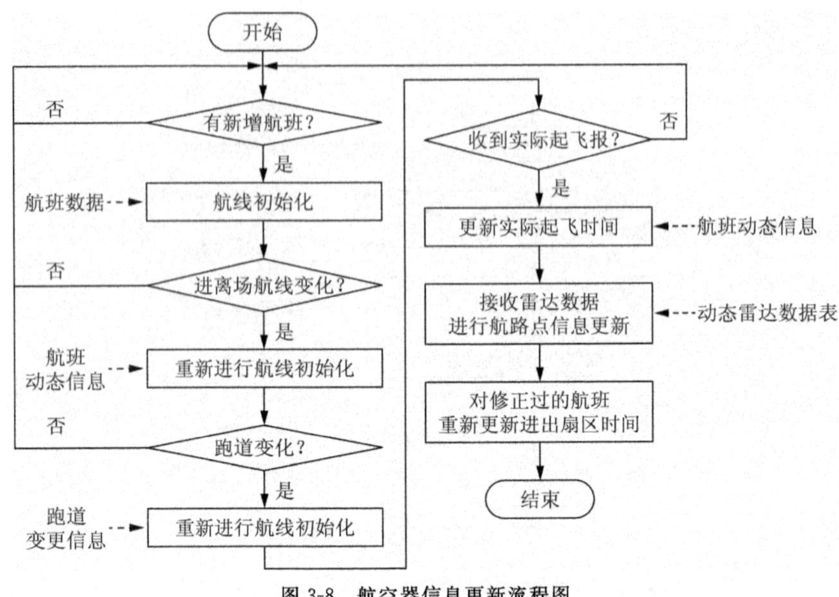

图 3-8　航空器信息更新流程图

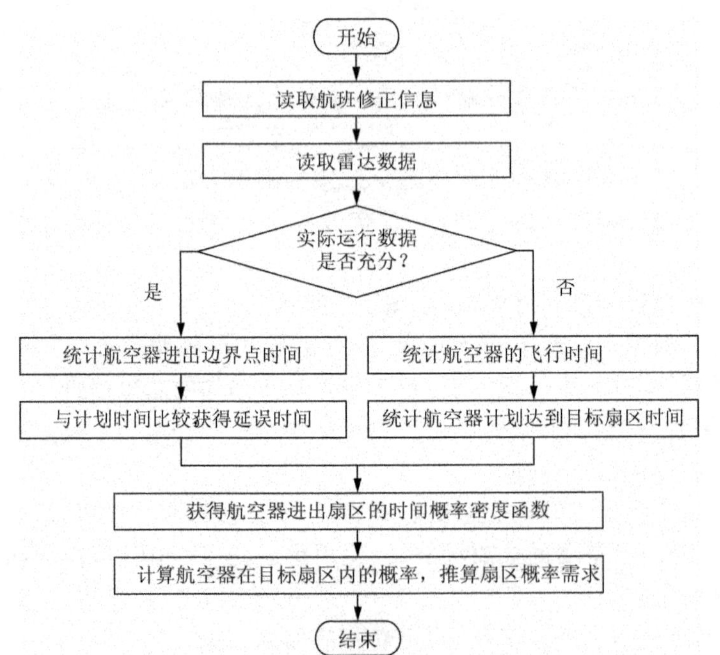

图 3-9　空域扇区概率需求预测流程图

第一步　根据所建航空器列表和航线信息，判断实际航班运行数据能否提供航空器到达和离开各扇区边界点的实际时间：

● 如果能够提供，则统计每架航空器过各扇区内各边界点的时间，与其过各点的计划时间进行比较，获得各航班在各扇区内各边界点延误时间，并根据公式(3-2)、(3-3)建立各航空器到达和离开目标空域扇区的时间概率密度函数；

● 否则，统计航空器从起飞点到降落点的飞行时间概率分布及各航空器计划到达目标空域扇区边界点的计划时间，通过公式(3-10)、(3-11)建立航空器进入和离开扇区的时间概率密度函数。

第二步　根据公式(3-14)求得每架航空器在时间 t 在目标空域扇区内的概率，并根据公式(3-15)求得未来一段时段内扇区中同时存在 n 架航空器的概率。

(2)根据空域扇区容量预测方法，预测目标空域各扇区的容量及其概率。

①判断目标空域内所涉及扇区的类型，对不同类型的扇区分别基于机场终端区空域容量评估方法、机场终端区空地联合评估方法和区域容量评估方法等进行基本的容量评估，即获得各扇区目标时间区间内若干时段的容量值。

②利用基于多维伪 F 统计量的动态 K -均值聚类的模式识别方法，确定空域扇区容量的情景，建立空域扇区容量情景树，获得目标空域内所涉及扇区的容量及其对应概率分布规律[31]。

③给出扇区的不确定性容量分布，并找到最大概率所对应的容量值视为该扇区容量。

(3)计算目标空域及各扇区的空域拥挤风险概率。

根据公式(3-18)计算扇区拥挤风险概率：

①如果预测到未来某时间该空域扇区的拥挤风险超过给定阈值，就认为该空域扇区发生拥挤，且拥挤发生的概率为 $P_{\text{congestion}}^{s,j}$ 。

②如果某空域范围内有若干个扇区发生拥挤，则公式(3-19)计算此空域发生拥挤的概率 P_{Airspace}。

3.5　实例分析

根据广州区域 2009 年 10 月份第四周运行数据可知，共 3946 架次航班经边界点进入、离开扇区 AC05，获得 10 月 25 日扇区 AC05 在高峰运行时间 9:00—11:00 提前 30min 的交通需求值及其概率分布，具体做法按本书第 3.4.3 节。统计结果表明，根据边界点的不同，各航班所对应的延误时间服从一定的分布规律：各航班在扇区 AC05 的各边界点处的延误时间的概率密度函数服从正态分布，相应均值和方差如表 3-1 和表 3-2 所示。

航空器进入扇区过点延误时间参数 表 3-1

序 号	进入扇区边界点	均值 μ (min)	方差 σ^2 (min^2)
1	BEKOL	20.1	13.3
2	BIGRO	13.2	11.9
3	BOKAT	19.7	14.1
4	CON	15.6	13.0
5	GYA	15.1	13.5
6	IDUMA	16.1	13.5
7	NOMAR	20.9	14.4
8	P269	13.7	12.4
9	POU	15.0	8.8
10	SAREX	13.5	12.2
11	SHL	19.0	18.7
12	TAMOT	16.9	10.9
13	VIBOS	22.1	13.8
14	VIPAP	16.6	14.5

航空器离开扇区过点延误时间参数 表 3-2

序 号	离开扇区边界点	均值 μ (min)	方差 σ^2 (min^2)
1	BIGRO	17.9	14.0
2	GURIN	13.6	12.1
3	GYA	16.0	12.8
4	IDUMA	17.6	10.7
5	LMN	12.7	12.6
6	POU	6.9	6.2
7	SAREX	13.8	10.5
8	SHL	22.2	13.1
9	SIERA	21.8	13.2
10	TAMOT	21.7	14.6
11	VIPAP	19.6	17.8

根据空域扇区概率需求预测模型、延误时间参数和 2009 年 10 月 25 日 9:00—11:00 共 45 架次航班数据，可获得未来一定时间段内扇区 AC05 的概率需求分布。图 3-10 显示了提前预测时间(Look-Ahead Time, LAT)为 30min 时，不同时间、不同监视告警参数(Minitor Alarm Parameters, MAP)下该扇区内的航空器数量及其概率变化规律。

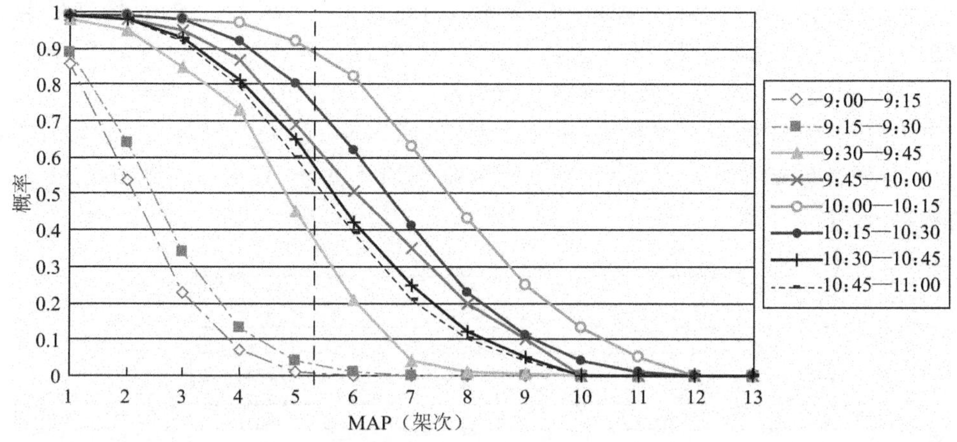

图 3-10　扇区 AC05 需求概率分布

(1)同一时间随着 MAP 值的增加，扇区内航空器架次所对应的概率也随之降低(如预测 10:00—10:15 扇区内航空器架次≥1 的概率为 99%，≥2 的概率为 99%，≥3 的概率为 98%，≥4 的概率为 97%，≥5 的概率为 92%，≥6 的概率为 82%，≥7 的概率为 63%，≥8 的概率为 43%，≥9 的概率为 25%)，即在同一时间扇区内航空器数量不可能无限制增加，随着预测数量的增加，其可能性就会相应下降。

(2)对于相同 MAP 值，不同时间扇区内的航空器架次概率将随着时间的增加而增加，到达最大值后又随着时间的增加而减小或增加(如 MAP＝5.0 时，预测扇区内 9:00—9:15 航空器架次≥5 的概率为 1%，9:15—9:30 航空器架次≥5 的概率为 4%，9:30—9:45 航空器架次≥5 的概率为 23%，9:45—10:00 航空器架次≥5 的概率为 48%，10:00—10:15 航空器架次≥5 的概率为 92%，10:15—10:30 航空器架次≥5 的概率为 80%，10:30—10:45 航空器架次≥5 的概率为 65%，10:45—11:00 航空器架次≥5 的概率为 60%)，即随着预测时间与当前时间之间时间长度的增加，扇区内的航空器数量及其概率值将在 10:00—10:15 达到高峰，然后随着时间的增加逐渐下降，且 9:00—11:00 内的航空器数量及其概率值将在 10:00—10:15 对应的包络值内变化。

综合上述分析可知，MAP 值与预测时间都是影响扇区交通需求预测的重要因素。其中,MAP 值由管制人员给出,一般是扇区可服务航班架次的经验值,也就是通常意义上所认定的扇区容量的经验值,属于确定性容量。因此,说明扇区交通需求预测的不确定分布同样与容量值相关联。为了进一步细化容量与需求之间的关系,将从不确定性角度,在细化容量分析的基础上,利用空域拥挤风险预测来反映两者之间的联系。

根据运行数据,对扇区 AC05 在高峰运行时间 9:00—11:00 的容量进行聚类分析[31](图 3-11),取对应概率值最大的第 3 类容量情景为不确定容量值。在表 3-3中,所取第 3 类容量及其概率分布表示:在 9:30 之前该扇区容量受到流量控制等因素制约,其值在 8 架次/15min 左右浮动,在 9:30—10:45 由于恶劣天气的影响,导致该容量在从约 8 架次/15min 下降至约 4 架次/15min;此容量情景发生的概率为 71%。

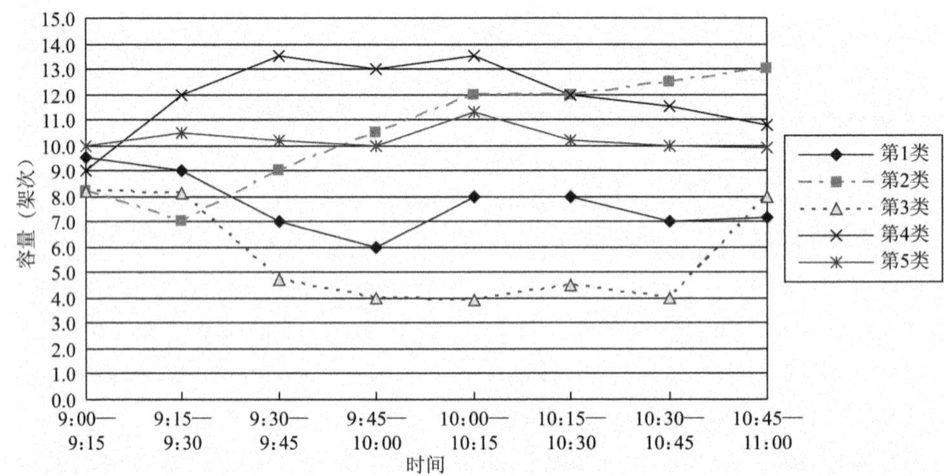

图 3-11　扇区 AC05 容量情景聚类

扇区 AC05 容量变化及概率分布　　表 3-3

类(架次)	时间								概率 Q_i
	9:00—9:15	9:15—9:30	9:30—9:45	9:45—10:00	10:00—10:15	10:15—10:30	10:30—10:45	10:45—11:00	
第 1 类	9.5	9.0	7.0	6.0	8.0	8.0	7.0	7.2	0.05
第 2 类	8.2	7.0	9.0	10.5	12.0	12.0	12.5	13.0	0.09
第 3 类	8.2	8.1	4.7	4.0	3.9	4.5	4.0	8.0	0.71
第 4 类	9.0	12.0	13.5	13.0	13.5	12.0	11.5	10.8	0.05
第 5 类	10.0	10.5	10.2	10.0	11.3	10.2	10.0	9.9	0.10

根据空域拥挤风险预测模型、延误时间参数和 2009 年 10 月 25 日上午 9:00—11:00 共 8 个时段内的 45 架次航班数据，可获得未来一定时间内各扇区在 9:00—11:00 的交通需求值及其对应概率，其中扇区 AC05 的交通需求及其概率如表 3-4 所示。同时，将不确定容量引入此表的对比分析可知，9:45—10:45 内扇区 AC05 拥挤风险概率超过阈值 50%，则认为该扇区发生拥挤。由于目标空域内其他扇区拥挤风险概率（由于篇幅原因不列出具体数据）均小于阈值，因此认为目标空域也发生拥挤，且拥挤概率与 AC05 相同，需要实施空域拥挤风险管理。

扇区 AC05 交通需求及其概率分布　　表 3-4

≥MAP		时间							
		9:00—9:15	9:15—9:30	9:30—9:45	9:45—10:00	10:00—10:15	10:15—10:30	10:30—10:45	10:45—11:00
概率 需求	1.0	0.86	0.89	0.98	0.99	0.99	0.99	0.99	0.99
	2.0	0.54	0.64	0.95	0.98	0.99	0.99	0.98	0.98
	3.0	0.23	0.34	0.85	0.95	0.98	0.98	0.93	0.92
	4.0	0.07	0.13	0.73	0.87	0.97	0.92	0.81	0.79
	5.0	0.01	0.04	0.45	0.69	0.92	0.80	0.65	0.60
	6.0	2.00×10^{-3}	8.00×10^{-3}	0.21	0.51	0.82	0.62	0.42	0.39
	7.0	2.00×10^{-4}	1.00×10^{-4}	0.04	0.35	0.63	0.41	0.25	0.21
	8.0	1.06×10^{-5}	1.00×10^{-5}	0.01	0.20	0.43	0.23	0.12	0.10
	9.0	3.78×10^{-7}	1.50×10^{-6}	0.003	0.10	0.25	0.11	0.05	0.04
AC05	容量	8.2	8.1	4.7	4.0	3.9	4.5	4.0	8.0
	概率	0.71							
$P_{congestion}^{s,i}$		7.53×10^{-6}	7.10×10^{-6}	0.52	0.62	0.69	0.65	0.58	0.07

依照传统的确定性空域拥挤管理研究方法，一旦空域交通需求超过容量就视为拥挤发生，因此根据表 3-5 应当分别在 9:00—9:15、9:30—10:45 这两个时段采取流量管理措施缓解拥挤；但是实际运行中，时段 9:00—9:15 由于交通需求超过容量限制的时间不长，且数量不多，管制人员通常不将其视为空域拥挤而采取流量管理措施；9:30 之后，由于有较长的一段时间内交通需求都超过了容量限制，且对空域运行负荷较大，因此管制人员就认为发生了拥挤，需要采取流量管理策略，这也与上述实验结果相一致。

扇区 AC05 确定性交通需求与容量的变化分布 表 3-5

时间	9:00—9:15	9:15—9:30	9:30—9:45	9:45—10:00	10:00—10:15	10:15—10:30	10:30—10:45	10:45—11:00
需求(架次)	9.0	5.0	5.0	6.0	5.0	6.0	5.0	6.0
容量(架次)	8.2	8.1	4.7	4.0	3.9	4.5	4.0	8.0

3.6 本章小结

本章首先根据航空器在空域扇区中运行的随机性特点，提取了影响需求预测不确定性的主要因素，分析了航空器进入扇区时间、飞行时间和离开扇区时间的随机性，建立扇区概率需求预测模型。基于航空器实际运行数据和预测数据，提取航空器在扇区内飞行过程各随机变量的数字特征，结合扇区概率需求预测模型，获得未来一定时间内扇区交通需求的概率分布及变化规律，实现了空中交通需求预测不确定性的量化，获得未来一定时间内扇区空域拥挤风险概率分布及变化规律。其次，基于空域扇区概率需求预测方法，将其与不确定性容量相匹配，建立空域拥挤风险预测模型，并基于实际运行数据和管制员管制经验数据，对中南地区广州终端区的典型繁忙扇区进行拥挤风险预测，判断高风险拥挤空域扇区和时段。综上所述，本章为下文进行空域拥挤风险管理中的解决和决策过程提供了预测基础。

第 4 章

基于局部优化的空域拥挤风险解决研究

4.1 概述

传统的空域拥挤管理方法，通常是在交通需求超过容量的基础上，通过地面等待或改航等措施，调配航空器的飞行时间或飞行路径，使空域中的交通流分配尽量满足空域资源约束要求。在调配过程中，通常以运行成本最小为目标，但是从空域拥挤风险管理的角度出发，运行风险也应当同样重视，也就是通常所说的效率与安全并重。所以，基于前文所提出的空域拥挤风险管理及概率空域拥挤管理的概念，需要进行空域拥挤风险解决，即通过空中交通流量管理，衡量高风险空域拥挤运行成本和风险成本，提出解决策略，调配航空器的飞行路径和起飞时间，缓解空域拥挤。

本章在第三章基础上，将空域拥挤风险预测模型引入空域拥挤风险解决机制中，完成了空域拥挤风险预测模型在风险解决过程中的转化，从而对未来可能产生的空域拥挤程度及其时段进行预测。在此基础上，从平衡空域拥挤的运行成本与运行风险出发，针对空域拥挤风险较高的扇区运行矛盾，研究空域拥挤风险解决过程中的多个运行目标，并引入高维多目标优化的 NSGA2 改进算法，从而以建模和算法优化的方式，从局部运行角度实现了空域拥挤风险解决方案的初次优化，初步缓解了空域运行压力，降低了空域运行风险。

4.2 问题描述

为描述问题方便起见，将航空器飞行的四维空间(时间维和空间维)简化为二维网络模型，整个网络模型由机场节点、导航台节点、扇区和飞行路径四个要素组成，如图 4-1 所示。其飞行路径由机场节点、导航台节点及其之间的航段组成。如某航空器从起飞机场（节点 1）经过导航台 5、11、15、22，达到目的机场（节点 24），同时穿越扇区 A、D、E。此线路为航空器飞行的路径之一，航空器飞行经过的节点不同，飞行路径也就不同。

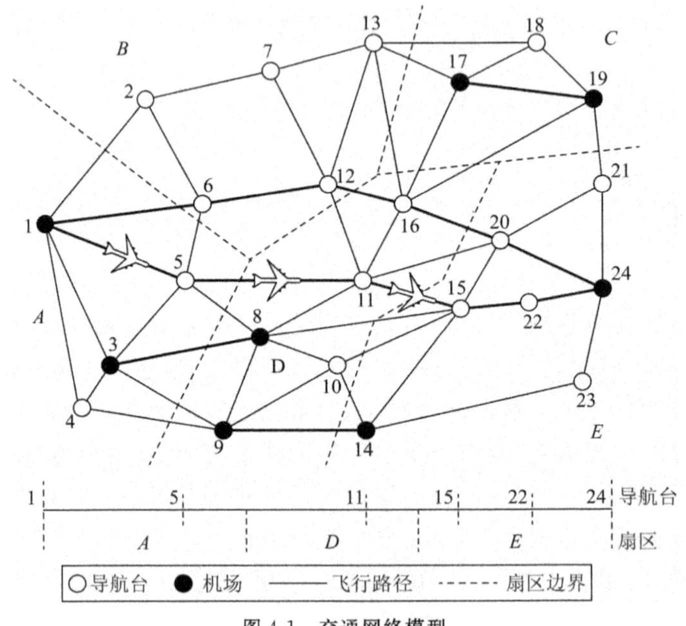

图 4-1 交通网络模型

为了简化问题，本书基于上述二维网络模型，在空域拥挤风险解决过程中省略了高度分配对航空器运行的影响，仅讨论二维空间内可以通过对航空器实施地面等待、空中等待、改航等策略，而优化调配整个交通流的时空分布。航空器实施策略、交通流时空分布和空域运行状态之间存在着相互影响的关系：通过等待策略或改航策略，对大量航空器的飞行路径与起飞时隙的选择，构成了未来一段时间内某空域的交通需求；不同的起飞时隙与飞行路径，在空域中造成的交通需求也不同；在复杂多变的交通需求下，空域拥挤风险也会随之变化。也就是说，航空器起飞时隙与飞行路径的选择可以决定未来一段时间内某空域的概率需求预测结果；而一旦某空域的交通需求预测超过其容量约束，或空域容量突然下降造成空域资源无法负担交通需求的压力，就会增加影响空域拥挤风险发生的概率。

因此，本章需要解决的主要问题就是：通过空域拥挤风险预测与解决过程的结合，找到最高风险的拥挤扇区及其拥挤时段，并以其为主要对象，实施空域拥挤风险解决策略，对预测到拥挤的目标扇区及其相关时段内所涉及的航空器进行时空调配，改变交通流在时空域中的分布，缓解最突出的空域拥挤问题。具体内容包括：

一是要将空域拥挤风险预测模型转化到解决过程中，找到空域拥挤风险最高的扇区。在基于局部优化的空域拥挤风险解决模型中体现出航空器起飞时隙与飞行路径的决策作用，将风险预测结果引入空域拥挤风险解决过程，并将该扇区作为初次优化的主要对象。这是进行空域拥挤风险解决初次优化的先决条件。

二是对于潜在的最高风险空域拥挤，实施风险解决措施，缓解最突出的局部空域的拥挤风险问题。以空域内发生拥挤后续可能性、全体航班的总延误时间、不同空域用户延误分配公平性以及解决策略的影响等为目标，综合考虑运行中的多种约束条件，通过平衡空中交通供需关系，解决最主要的空域拥挤风险矛盾。实质上，就是基于航空器时空调配下的容量利用和流量分配的优化问题。

总体而言，空域拥挤风险管理的关键在于对“风险”的管理，空域拥挤风险解决策略的关键在于对“风险”的解决。在此意义上，解决空域拥挤问题不再是基于单纯将未来一段时间内空域中的航空器数量降低至容量约束之下的若干目标成本的优化问题，而是在理清拥挤的轻重缓急后，以最主要的拥挤问题为对象，通过协调容流关系，平衡空域拥挤的“运行成本”与“运行风险”；而其他拥挤风险的细节问题，或伴随空域拥挤风险解决产生的问题，将在下一章中具体解决。

4.3　基于局部优化的空域拥挤风险解决模型

基于局部优化的空域拥挤风险解决过程主要是通过考虑多个单元容量受限，建立基于多元受限的多目标容流调配模型，即在预调配的时间区间内的交通需求和多元容量通过预测模型可知的条件下，把该时间区间划分为若干时段，优化目标是在空域内发生拥挤后续可能性、全体航班的总延误时间、不同空域用户延误分配公平性以及解决策略的影响基础上，寻求较优的调配方案，为每个航班配置较优的起飞时隙和飞行路径，再次分配交通需求，使之与空域供给平衡，从而使各时段的流量与容量协调匹配，缓解空域拥挤问题。

4.3.1　参数及符号说明

- Sec 为目标空域内的扇区 s 集合，N_s 为扇区总数，$s \in \mathrm{Sec}$；
- T 为未来连续的空域运行时间，将其划分为 $M+1$ 个时段，令 $T=\{T_1,$

$T_2,\cdots,T_M,T_{M+1}\}$，且 t 为 T 内的任意时间，$t\in T_i$，$i=1,\cdots,M+1$；

- F 为航空器 f 的集合，N_F 为航空器总数量，$f\in F$；
- Δ^f 为航空器 f 的起飞时隙数集合，$\Delta^f=\{-\delta_m^f,-\delta_m^f+1,\cdots,-1,0,1,\cdots,\delta_p^f-1,\delta_p^f\}$，其中 $-\delta_m^f$ 和 δ_p^f 分别表示航空器 f 起飞的最大提前时隙数和最大延误时隙数，设定每架航空器的起飞时隙数初始值都为 0；
- R^f 为航空器 f 的可选飞行路径集合，$R^f=\{r_0^f,r_1^f,\cdots,r_{\max}^f\}$，其中 r_0^f 和 $r_{\max}^f$ 分别表示航空器 f 的最短飞行路径和最长飞行路径，设定每架航空器的初始飞行路径都为 r_0^f；
- (δ_j^f,r_i^f) 是基于局部优化的空域拥挤风险解决模型的决策变量，其中 δ_j^f 表示航空器 f 的第 j 个起飞时隙数，r_i^f 表示航空器 f 的第 i 条飞行路径，且 $\delta_j^f\in\Delta^f$，$r_i^f\in R^f$；
- $p_{\mathrm{IN},f}^s(t)$ 表示航空器 f 在时间 t 进入空域扇区 s 的概率，$p_{\mathrm{OUT},f}^s(t)$ 表示航空器 f 在时间 t 离开空域扇区 s 的概率，$p_f^s(t)$ 表示航空器 f 在时间 t 位于空域扇区 s 内部的概率，$t\in T_i$，$T_i\subset T$，$s\in\mathrm{Sec}$；
- $g_f^s(t)$ 和 $h_f^s(t)$ 分别为航空器 f 到达和离开空域扇区 s 时间的概率密度函数，且有 $g_f^s(t)=g_f^s(t(\delta_j^f,r_i^f))$，$h_f^s(t)=h_f^s(t(\delta_j^f,r_i^f))$，其中 $t(\delta_j^f,r_i^f)$ 表示航空器到达或离开空域扇区 s 的时间是该航空器所选起飞时隙和飞行路径的函数；
- $P_{N_f}^s[n]$ 表示一定时间区间内空域扇区 s 中同时存在 n 架航空器的概率，其中 N_f 为该扇区在该时间区间内可能存在的航空器数量，$s\in\mathrm{Sec}$；
- n_c 表示扇区 s 的确定性容量值，且 $0\leqslant n_c\leqslant N_f$，$s\in\mathrm{Sec}$；
- c_m^s 表示扇区 s 的不确定性容量值，Q_m^s 为其对应概率，N_{Capacity}^s 表示空域扇区不确定性容量值的数量，有 $\sum_{m=1}^{N_{\mathrm{Capacity}}^s}Q_m^s=1$，$m=1,\cdots,N_{\mathrm{Capacity}}^s$，$s\in\mathrm{Sec}$；
- $P_{\mathrm{congestion}}^s$ 表示确定性容量约束下，一定时间区间内空域扇区 s 中发生拥挤的概率，$s\in\mathrm{Sec}$；
- $P_{\mathrm{congestion}}^{s,m}$ 表示一定时间区间内、对应不确定性空域容量 c_m^s 下，空域扇区 s 发生拥挤的概率，$s\in\mathrm{Sec}$，$m=\underset{m=1,\cdots,N_{\mathrm{Capacity}}^s}{\operatorname{argmax}}\{Q_m^s\}$；
- $U_s=\begin{cases}1 & P_{\mathrm{congestion}}^{s,m}>P_{\max}^s\\ 0 & \text{否则}\end{cases}$

  表示一定时间区间内空域扇区 s 发生拥挤的概率超过空域拥挤风险概率阈值 $P_{\max}^s$，$s\in\mathrm{Sec}$；

- P_{Airspace} 为一定时间区间内包含若干扇区 s 的空域发生拥挤的概率；
- J_{Airspace} 和 J_{Sector} 分别为目标空域拥挤风险概率和扇区拥挤风险概率间的平衡系数；
- J_{Ground} 和 J_{Air} 分别表示航空器实施地面延误和空中延误的成本权重系数；
- N_m 为航空公司 m 所属航空器的总数量，N_{airline} 为航空公司数量，$m=1,\cdots,N_{\text{airline}}$，$\sum_{m=1}^{N_{\text{airline}}} N_m = N_F$；
- $\overline{D}_m$ 表示航空公司 m 所属航空器的总延误时间（包括空中延误和地面延误）的均值，有 $\overline{D}_m = \dfrac{\sum_{i=1}^{N_m}\left(\delta_j^f + \dfrac{|r_i^f| - |r_0^f|}{v^f}\right)}{N_m}$；
- $D_{N_{\text{airline}}}$ 表示全体航空公司平均延误时间的均值，有 $D_{N_{\text{airline}}} = \dfrac{\sum_{m=1}^{N_{\text{airline}}} \overline{D}_m}{N_{\text{airline}}}$；
- $F^f = \begin{cases} 1 & \delta_j^f \neq 0 \text{ 且/或 } r_i^f \neq r_0^f \\ 0 & \text{否则} \end{cases}$

  表示航空器 f 起飞时间和/或飞行路径改变，$f=1,\cdots,N_F$；
- $k_f(r_i^f, \delta_j^f, s, t) = \begin{cases} 1 & \text{时间 } t \in T_i\text{，航班 } f \text{ 在扇区 } s \text{ 内} \\ 0 & \text{否则} \end{cases}$

  表示航空器 f 在扇区 s 内飞行，且 $r_i^f \in R^f$，$\delta_j^f \in \Delta^f$；
- $g_f(r_i^f, \delta_j^f, s, t) = \begin{cases} 1 & \text{时间 } t\text{，航班 } f \text{ 在扇区 } s \text{ 边界飞行} \\ 0 & \text{否则} \end{cases}$

  表示航空器 f 在扇区 s 边界范围内飞行，且 $r_i^f \in R^f$，$\delta_j^f \in \Delta^f$；
- $|r_i^f|$ 表示航空器 f 选择第 i 条飞行路径所需飞行的距离，$r_i^f \in R^f$；
- v^f 表示航空器 f 的飞行速度，由航空器 f 类型决定；
- t_0^f 表示航空器 f 的原计划起飞时间；
- W 表示滑动窗口长度的一半；
- f' 表示执行航空器 f 接续航班任务的航空器，即 f' 与 f 为先后执行不同航班飞行任务的同一架航空器，记为 $f \Leftrightarrow f'$；
- τ 表示航空器 f 与其接续航班任务的航空器 f' 之间的间隔时间。

4.3.2 数学模型

4.3.2.1 空域拥挤风险预测模型的转化

首先，需要将空域拥挤风险预测模型转化为适用于基于局部优化的空域拥挤

风险解决模型的形式。根据空域扇区概率需求预测模型可知，航空器 f 在时间 t 进入空域扇区 s 的概率为

$$p_{\mathrm{IN},f}^{s}(t)=\int_{-\infty}^{t}g_{f}^{s}(t)\mathrm{d}t \tag{4-1}$$

在时间 t 离开空域扇区 s 的概率为

$$p_{\mathrm{OUT},f}^{s}(t)=\int_{-\infty}^{t}g_{f}^{s}(t)\mathrm{d}t \tag{4-2}$$

其中，$g_{f}^{s}(t)$ 和 $h_{f}^{s}(t)$ 分别为航空器 f 到达和离开空域扇区 s 时间的概率密度函数。

由于航空器 f 到达和离开空域扇区 s 的时间由该航空器所选择的起飞时间和飞行路径决定，所以航空器 f 到达和离开空域扇区 s 时间的概率密度函数是该航空器所选起飞时隙和飞行路径的函数，有 $g_{f}^{s}(t)=g_{f}^{s}[t(\delta_{j}^{f},r_{i}^{f})]$，$h_{f}^{s}(t)=h_{f}^{s}[t(\delta_{j}^{f},r_{i}^{f})]$，则航空器 f 在时间 t 进入空域扇区 s 的概率为

$$p_{\mathrm{IN},f}^{s}(t)=\int_{-\infty}^{t}g_{f}^{s}[t(\delta_{j}^{f},r_{i}^{f})]\mathrm{d}t \tag{4-3}$$

航空器 f 在时间 t 离开空域扇区 s 的概率为

$$p_{\mathrm{IN},f}^{s}(t)=\int_{-\infty}^{t}h_{f}^{s}[t(\delta_{j}^{f},r_{i}^{f})]\mathrm{d}t \tag{4-4}$$

根据空域拥挤风险预测模型可知，时间 $t\ (t\in T_{i},T_{i}\subset T)$ 航空器 f 在扇区 $s\ (s\in \mathrm{Sec})$ 内的概率为

$$p_{f}^{s}(t)=p_{\mathrm{IN},f}^{s}(t)-p_{\mathrm{OUT},f}^{s}(t) \tag{4-5}$$

则在确定性扇区容量条件下，如果该扇区在未来一定时间的交通需求超过容量值 n_{c}，根据公式(3-17)认为该扇区拥挤风险概率为

$$P_{\mathrm{congestion}}^{s}=\sum_{k=n_{c}}^{N_{f}}P_{N_{f}}^{s}[k] \tag{4-6}$$

在不确定性扇区容量条件下，如果该扇区在未来一定时间的交通需求超过容量值 c_{m}^{s}，对应概率为 Q_{m}^{s}，则根据公式(3-18)认为该扇区拥挤风险概率为

$$P_{\mathrm{congestion}}^{s,m}=Q_{m}^{s}\cdot P_{\mathrm{congestion}}^{s}=Q_{m}^{s}\cdot\sum_{k=c_{m}^{s}}^{N_{f}}P_{N_{f}}[k]\ ,\ \left(m=\underset{m=1,\cdots,N_{\mathrm{Capacity}}^{s}}{\operatorname{argmax}}\ \{Q_{m}^{s}\}\right) \tag{4-7}$$

综上所述，根据公式(3-19)可知，如果某空域范围内若干扇区发生拥挤，则其中最大的扇区拥挤风险概率视为此空域的拥挤风险概率，即

$$P_{\mathrm{Airspace}}=\max_{s\in\mathrm{Sec}}(P_{\mathrm{congestion}}^{s,m}\cdot U_{s}) \tag{4-8}$$

从上述公式可知，一旦目标空域内有扇区发生了拥挤，无论发生拥挤的扇区数量为多少，该目标空域都将视为发生了拥挤，并且将最大空域拥挤风险概率的扇区视为主要对象，且总体空域拥挤风险概率 P_{Airspace} 取最大空域拥挤风险概率值。

4.3.2.2　基于局部优化的空域拥挤风险解决模型

1. 前提条件

为实现上述飞行计划的优化问题，需要给出以下几点假设：

(1)航班运行时间区间内的航班运行状况及各扇区的不确定性容量已知，这是策略得以实现的先决条件。

(2)对在当前航班运行时间区间内无法分配的交通需求，都可在运行时间区间的下一个额外时段 T_{M+1} 内完成，即假设该额外时段 T_{M+1} 内各扇区的容量值无限，这是确保所研究问题具有可行解。

(3)一旦目标空域内有扇区发生拥挤的概率超过给定的阈值 $P^s_{\max}$，则视该目标空域发生了拥挤，需要启动基于局部优化的空域拥挤风险解决模型。

2. 目标函数

(1)目标一是实现目标空域拥挤风险概率最小，即在尽量降低在实施空域拥挤风险管理策略后目标空域内扇区拥挤发生的最大概率的同时，针对扇区拥挤风险概率超过其各自阈值的扇区，尽量降低此类扇区拥挤发生的概率，且实现其分布的均衡，有

$$y_1 = \min\{J_{\text{Airspace}} \cdot (P_{\text{Airspace}} - \max_{s\in \text{Sec}} P^s_{\max}) + J_{\text{Sector}} \cdot \sum_{s=1}^{N_s} \max[(P^{s,m}_{\text{congestion}} - P^s_{\max}),0]^2\}$$
$$(m = \underset{m=1,\cdots,N^s_{\text{Capacity}}}{\arg\max}\ \{Q^s_m\}) \tag{4-9}$$

该目标中，降低未来一段时间内空域拥挤发生的高风险，即降低实施空域拥挤风险解决策略后空域内发生拥挤的可能性，是解决空域拥挤的重点。在此过程中，必须注意的是目标空域拥挤发生的可能性等同于所包含的扇区拥挤发生可能性的最大值，因此首要就是降低该可能性；而且，由于目标空域内发生拥挤的扇区不止一个，因此在降低扇区拥挤概率最大值的同时，还应当降低其他发生拥挤扇区的概率值，并兼顾各扇区之间拥挤风险概率的均衡性，从而实现整个空域拥挤发生可能性的整体下降。

(2)目标二是在尽量降低全体航空器的总延误成本的同时，实现各航空器延误成本的均衡性。其中，总延误成本由总延误时间和延误系数决定，总延误时间包括地面延误时间和空中延误时间：前者是指飞行计划调整后航班的起飞时间与其原定起飞时间之差的绝对值；后者是指航班起飞后，调整其飞行路径，其飞行时间与

原计划飞行时间之差，有

$$y_2 = \min \sum_{f=1}^{N_F} \left(J_{\text{Ground}} \cdot \delta_j^f + J_{\text{Air}} \cdot \frac{|r_i^f| - |r_0^f|}{v^f} \right)^2 ,\ r_i^f \in R^f ,\ \delta_j^f \in \Delta^f \tag{4-10}$$

该目标中，进行空域拥挤风险解决主要通过调配航空器的起飞时间和飞行路径的方式实现，势必造成航空器延误（包括地面延误和空中延误）时间的增加，由于航空器的延误成本与其延误时间紧密相关，因此必须降低全体航空器的延误成本，包括地面延误成本和空中延误成本，且实现每架航空器延误成本之间的均衡性。

（3）目标三是尽量保证分配给不同空域用户延误的公平性，在此公平性通过不同空域用户（即航空公司）之间引入的航空器延误时间体现，即通过计算各航空公司延误时间均值的样本方差，来降低由空域拥挤风险解决策略对航空公司引入航班延误时间的差别，有

$$y_3 = \min \frac{\sum_{m=1}^{N_{\text{airline}}} (\overline{D}_m - D_{N_{\text{airline}}})^2}{N_{\text{airline}} - 1} \tag{4-11}$$

该目标中，公平性通过每家航空公司所分配的延误时间来体现，目的是使各航空公司之间所分配的延误时间尽可能相差不大。公式（4-11）利用样本方差的形式来实现此公平性，将每家航空公司所属全部航空器所分配的延误时间均值视为样本，同时计算求取每家航空公司所属全体航空器所分配的延误时间均值，通过降低这两者之间的差别距离来缩小各航空公司所分配延误时间的差距。

（4）目标四是尽量保证受空域拥挤风险管理策略影响程度最小，即实现受策略影响起飞时间或飞行路径改变的航空器数量最小，有

$$y_4 = \min \sum_{f=1}^{N_F} F^f \tag{4-12}$$

该目标中，受空域拥挤风险解决策略的影响程度通过飞行路径或起飞时间改变的航空器数量来体现。根据空域拥挤风险管理的原理可知，在拥挤时段穿越拥挤空域的航空器是空域拥挤风险解决策略所针对的主要调整对象，空域拥挤风险解决策略通过调整此类航空器的起飞时间和（或）飞行路径，来缓解空域拥挤，降低拥挤发生的可能性。但是，在空域拥挤风险解决过程中，既有可能仅凭调整此类航空器时空的安排而无法完全满足空域拥挤风险解决过程的要求，也有可能仅调整此类航空器中的若干架就可以实现空域拥挤风险解决。从空中交通管理的实际出发，应当尽可能降低所调整的航空器数量，这既有利于降低管制员的工作负荷，也有利于降低航空公司及管制单位的运行成本。

（5）目标五是尽量保证空域拥挤风险管理策略对航空器的飞行影响程度最小，即实现受策略影响增加的航空器额外飞行时间最短，有

$$y_5 = \min \sum_{f=1}^{N_F} \frac{|r_i^f| - |r_0^f|}{v^f} \tag{4-13}$$

该目标中，空域拥挤风险解决策略利用改变航空器起飞时间和(或)飞行路径，调整未来一段时间区间目标空域内的交通需求状况，从而降低空域拥挤风险。从实际运行而言，虽然改变航空器飞行路径(即改航)是有效的手段，但是由于这种方式所造成的航空器空中延误的运行成本和安全要求都比较高，因此在建模过程中将尽可能减少由于改航所导致的航空器额外飞行时间作为目标之一。

3. 约束条件

从实际运行的角度出发，在进行空域拥挤风险解决的同时，还应当注意实际运行对航空器起飞时间和飞行路径的限制[69]。

(1)每架航空器起飞时间经调整后不应当偏离计划起飞时间太久，通常 30min 视为较合适的选择。因此，该约束条件中，对每架航空器建立离场时隙数集合，且可选离场时隙数不会偏离原始离场时隙数过大，通常在初始离场时间前后 30min 之内，有

$$0 \leqslant \delta_m^f \leqslant 15 \text{ , } 0 \leqslant \delta_p^f \leqslant 15 \qquad (\delta_j^f \in \Delta^f) \tag{4-14}$$

(2)从航空公司的运营成本出发，通常保证每架航空器飞行路径经调整后不能超过计划飞行路径的 30%。因此，该约束条件中，对每架航空器建立飞行路径集合，且可选飞行路径不会过长，通常不超过初始飞行路径的 30%，有

$$\frac{|r_{\max}^f| - |r_0^f|}{|r_0^f|} \leqslant 30\% \qquad (r_i^f \in R^f) \tag{4-15}$$

(3)由于实际运行中，还存在接续航班的问题，也就是要求执行不同航班任务的同一架航空器，应在执行完前一任务一定时间后，方能执行下一任务。因此，该约束条件中，规定了航空器离场时隙数调整的接续问题，即某些航空器必须在之前的航班任务到达后等待一定的时间段后方能起飞，有

$$\delta_p^{f'} > \delta_p^f + \tau \text{ , } \delta_m^{f'} > \left(t_0^f + \delta_j^f + \frac{r_i^f}{v^f}\right) + \tau \quad (r_i^f \in R^f, \delta_j^f \in \Delta^f, \delta_j^{f'} \in \Delta^{f'}) \tag{4-16}$$

4.4 基于高维多目标优化的 NSGA2 改进算法

高维多目标优化问题一般指目标个数大于 4 的问题。对于目标过多的多目标优化问题，要想找到一组 Pareto 最优解是十分困难的，出现了许多新的问题。本书所建立的基于局部优化的空域拥挤风险解决模型是一个不可分状态变量下的非线性、高维多目标规划模型，采用传统多目标方法难于对其进行求解，高维多目标

优化的 NSGA2 改进算法是解决此类问题的有效途径之一。

4.4.1 算法描述

20 世纪 90 年代，Srinivas 和 Deb 等人在简单遗传算法的基础上，改进了种群个体的分类形式，提出了基于个体等级层次分类的非劣分类遗传算法，即 NSGA 算法：在选择操作之前，在当前种群中找到所有的非劣最优解，并将其构成当前种群的非劣最优解层，并赋予其一个假定适应值；同时，为了保持群体多样性，要求当前的非劣最优解共享该适应值；然后，对群体中的所余个体以同样的方式进行分类，要求后设定的共享假定适应值小于先设定的值，直至种群中所有个体都完成此操作。这样，通过对种群进行非支配分类，将多个子目标简化为一个适应度函数，从而保证了算法的高效性。运用该方法，可以解决任意数目的目标问题和求解最大、最小问题。2000 年，Deb 在原有 NSGA 算法基础上又提出了 NSGA2 算法，在定义拥挤距离的基础上估计某点周围的解密度，取代了 NSGA 的共享适应值方式。

NSGA2 算法在每一代首先对种群 P 进行遗传操作，得到种群 Q；然后，将两种群合并后，进行非劣排序和拥挤距离排序，形成新的种群 P，反复进行直至结束，其具体过程如图 4-2 所示。

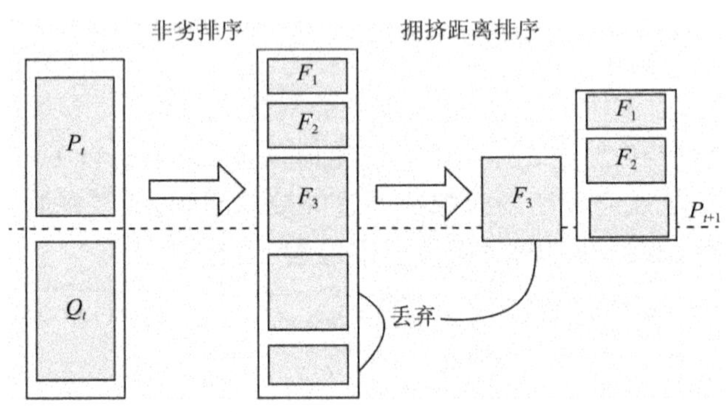

图 4-2 NSGA2 的主要过程

第一步 随机产生初始种群 P_0，然后对种群进行非劣排序，将每个个体赋予秩。

第二步 对初始种群进行二元锦标赛操作，包括选择、交叉和变异，得到新的种群 Q_0，然后令 $t = 0$。

第三步 令 $R_t = P_t \cup Q_t$，从而形成新的群体 R_t，然后对种群 R_t 进行非劣排序，进而得到非劣前端 $F_1,F_2,\cdots,F_i,\cdots$。

第四步　对所有的 F_i 进行拥挤比较操作，即按 $\prec_n$ 规则进行排序，并选择其中最好的 N 个个体，形成种群 P_{t+1}。

第五步　对种群 P_{t+1} 执行操作，包括复制、交叉和变异，从而形成新的种群 Q_{t+1}。

第六步　如果终止条件成立，则结束循环；否则，令 $t=t+1$，并转到第三步。

在 NSGA2 过程中，对集合 P 进行非劣排序的具体过程如下所示。

第一步　令每个解 $x \in P$ 对应的支配数为 0，即令支配解 x 的所有个体的数量 $n_x=0$。

第二步　令每个解 x（$x \in P$）所对应的集合 S_x 为空，即令解 x 所支配的个体的集合为空集。

第三步　对应集合 P 中的每个解 q，执行如下操作：如果 $q \succ x$，则令 $S_x=S_x \cup \{q\}$；如果 $x \succ q$，则令 $n_x=n_x+1$。

第四步　得到每个解对应的支配数 n_x 和集合 S_x，并将 $n_x=0$ 的解放入前端 F_1 中，且令 $x_{\text{rank}}=1$。

第五步　$i=1$。

第六步　令 Q 为空集，对于每个解 $x \in F_i$，执行如下操作：对于每个解 $q \in S_x$，令 $n_q=n_q-1$；如果 $n_q=0$，则 $q_{\text{rank}}=i+1$，且 $Q=Q \cup \{q\}$。

第七步　如果 Q 不为空集，则 $i=i+1$，$F_i=Q$，转到第六步；否则，停止迭代。

在 NSGA2 过程中，拥挤距离排序的具体过程为：拥挤距离主要用于估计一个解周围其他解的密集程度，如图 4-3 所示。排序时，对于每个目标函数，首先根据该目标函数值的大小对非劣解集 L 中的解进行排序，然后对每个解 i，计算由解 $i+1$ 和 $i-1$ 构成的立方体的平均边长；最终结果就是解 i 的拥挤距离 i_{distance}。边界解（其某个目标函数值的最大或最小）的拥挤距离为无穷大。拥挤距离排序建立在拥挤比较算子（$\succ_n$）的基础之上，$i \succ_n j$ 当且仅当非劣排序值 $i_{\text{rank}} < j_{\text{rank}}$ 或 $i_{\text{rank}}=j_{\text{rank}}$，且 $i_{\text{distance}} > j_{\text{distance}}$。

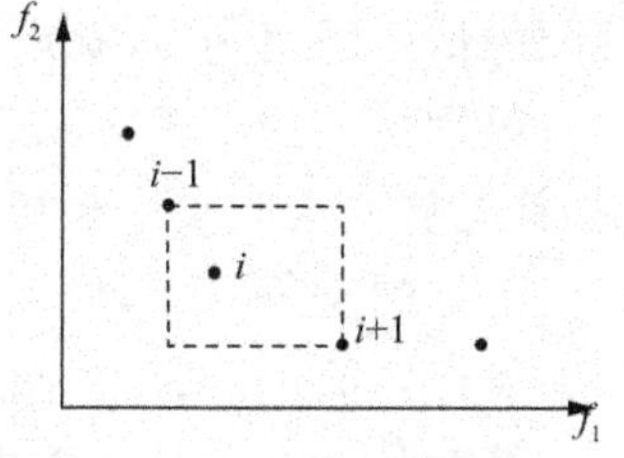

图 4-3　NSGA2 的拥挤距离计算

综合上述，从 NSGA2 算法具体过程描述可以看出，该算法较之 NSGA 算法有三点优势：将计算复杂性从原来的 $O(mN^3)$ 下降至 $O(mN^2)$；具备最优保留机制；无须确定共享参数，从而使得算法的计算效率和鲁棒性得以进一步提高[129,130]。但是，NSGA2 同样存在不足：虽然其在求解两目标或三目标问题时具有十分优异的性能,但随着问题目标数的增加,NSGA2 算法的性能明显下降,主要原因在于问题的复杂性随着目标数增多明显增加。这种复杂性,使得优化目标数目增加后,问题的 Pareto 最优前端会越来越复杂,小规模的种群很难获得分布在整个最优前端上的非劣解,而大规模的种群可能使非劣解在最优前端的分布范围增大,计算时间显著增加。

因此,有学者提出了基于参考点的算法[142-144],强调在接近参考点(目标空间)解的同时,对接近每个参考点解 ε 领域的解实施弱化操作,从而保持各参考点附近解集的多样性,具体实现过程中,主要是用偏好操作取代原 NSGA2 算法的拥挤距离操作,具体步骤如下:

第一步 给定一个或多个参考点信息。

第二步 分别计算每个参考点与种群中所有个体之间的标准化欧式距离,即

$$d_{kj} = \sqrt{\sum_{i=1}^{M} w_i \left[\frac{f_i(\vec{x}_k) - \overline{z_{ji}}}{f_i^{\max} - f_i^{\min}}\right]^2} \quad (k = 1,2,\cdots,n) \tag{4-17}$$

$$\overline{z_{ji}} = (z_{j1}, z_{j2}, \cdots, z_{jM}) \quad (j = 1,2,\cdots,r) \tag{4-18}$$

其中 $f_i^{\max}$ 和 $f_i^{\min}$ 分别表示种群中第 i 个目标的最大函数值和最小函数值,n 为种群规模,r 为参考点数量,M 为目标函数数量,且 $w_i = \dfrac{1}{M}$。

第三步 以第二步计算出的标准化欧式距离为排序依据,对种群个体进行升序排序,且分配距参考点最近的个体等级为 1。

第四步 对所有参考点都执行第二步和第三步操作。

第五步 以种群个体分配等级中的最小值为标准,作为该个体的偏好距离,规定所有与参考点最近的个体所分配的偏好距离最小,其值为 1,等级次之的个体所分配的偏好距离为 2,依此类推。

第六步 为了控制获得的种群范围,在小生境算子中使用 ε-cleaning 。也就是说,首先从非支配集中随机选择一个个体,其次为了降低随机选择个体的 ε 邻域内其他个体的竞争能力,假定一个较大的偏好距离,并将其分配给种群中所有与该个体在目标空间中的标准差值小于等于 ε 的个体。

第七步 不断从种群中选择个体,重复第六步,直至整个种群处理完毕,并且将整个过程中再次选择的个体和已经赋予较大偏好距离的个体排除在外。

此外,为了强化参考点提供的信息,设置新的变异算子,构造方法如下:

第一步 设算子的作用域为 D 维决策向量空间,该空间中的第 k 个个体为 $X_k = (\vec{x}_{k1}, \vec{x}_{k2}, \cdots, \vec{x}_{kd})$, $k = 1,2,\cdots,n$, n 为种群规模,第 j 个参考点为 $Z_j = (\vec{z}_{j1},$

$\vec{z}_{j2},\cdots,\vec{z}_{jd}$)，且 $j=1,2,\cdots,r$，r 为参考点个数。

第二步　每代中，根据公式(4-18)计算每个个体与参考点之间的距离。以上述距离为依据，将整个种群划分为 r 个子种群，如果第 k 个个体与第 j 个参考点间的距离最近，则将此个体划入第 j 个子种群，且将在第 j 个子种群内的所有个体中与第 j 个参考点最近的个体记为 $M_j=(\vec{m}_{j1},\vec{m}_{j2},\cdots,\vec{m}_{jd})$，并令种群中个体 X_k 的第 d 维决策变量的值 $(1\leqslant d\leqslant D)$ 变化为

$$\vec{x}_{kd}=\vec{x}_{kd}+c_1\mathrm{rand}(1)(\vec{m}_{jd}-\vec{x}_{kd})+c_2\mathrm{rand}(1)(\vec{z}_{jd}-\vec{x}_{kd}) \tag{4-19}$$

式中：c_1、c_2——参数；

rand(1)——取值为［0,1］之间的随机数。

4.4.2　算法实现

对于空域拥挤风险解决问题，采用高维多目标优化的 NSGA2 改进算法实现的具体步骤如下，其主要过程如图 4-4 所示。

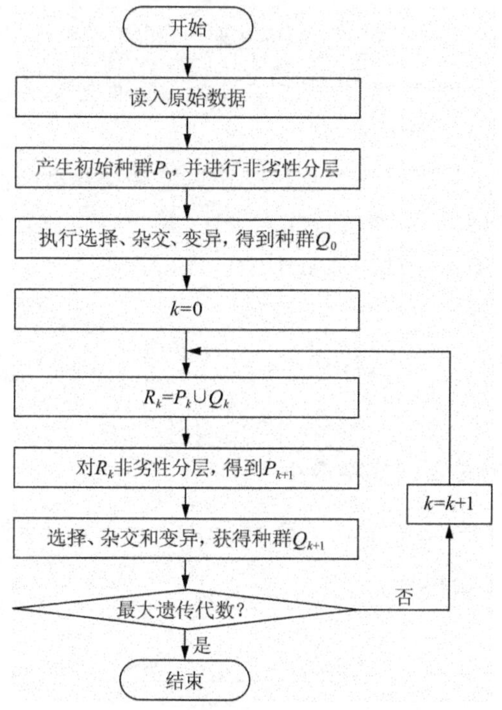

图 4-4　高维多目标优化的 NSGA2 改进算法流程图

第一步 读入原始航班时刻数据，作为初始解，数据内容包括航班的航班号、起飞时间和飞行路径等。

第二步 编码方案为每架航空器 f 都从各自对应的飞行路径集合 R^f 和起飞时隙数集合 Δ^f 中随机选取新的飞行路径和时隙数，通过编码构成染色体个体中的基因 (δ_j^f, r_i^f)。通过对全体航空器起飞时隙和飞行路径进行编码，实现了对全体飞行计划的编码，如图 4-5 所示。其中，r_i^f 表示航空器 f 可选择的第 i 条路径（$r_i^f \in R^f$，R^f 表示航空器 f 可以选择的飞行路径集合）；δ_j^f 表示航空器 f 可以选择的第 j 个起飞延误时隙数（$\delta_j^f \in \Delta^f$，Δ^f 表示航空器 f 可以选择的起飞时隙数集合）。$f \in \{f_1, \cdots, f, \cdots, f_{N_F}\}$，$N_F$ 为航空器总数。

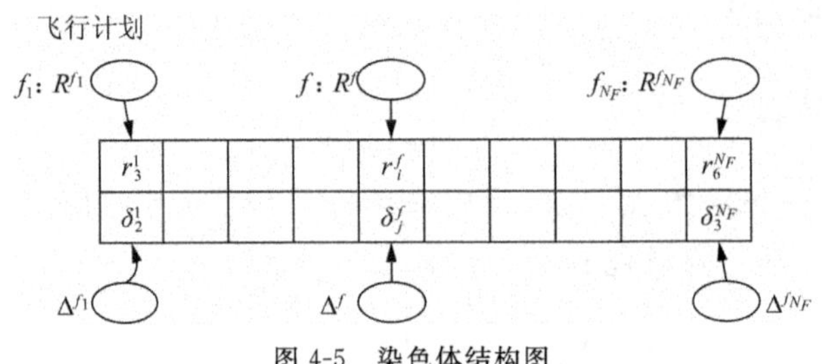

图 4-5 染色体结构图

第三步 建立时间间隔 $[-T_{\text{range}}, T_{\text{range}}]$，通过其均衡分布，产生基因 (δ_j^f, r_i^f)，构建规模为 N_F 的原始种群 P_0。

第四步 根据基于局部优化的空域拥挤风险解决模型，计算种群 P_k 中每个个体的适应性函数，并以此为依据进行非劣分层，并给出同一分层中个体间的种群距离。各子目标所对应的适应性函数分别为：

(1)空域拥挤风险概率最小

$$f_1 = J_{\text{Airspace}} \cdot (P_{\text{Airspace}} - \max_{s \in \text{Sec}} P_{\max}^s) + J_{\text{Sector}} \cdot \sum_{s=1}^{N_s} \max[(P_{\text{congestion}}^{s,i} - P_{\max}^s), 0]^2 \tag{4-20}$$

(2)全体航空器的总延误成本最小

$$f_2 = \sum_{f=1}^{N_F} \left(J_{\text{Ground}} \cdot \delta_j^f + J_{\text{Air}} \cdot \frac{|r_i^f| - |r_0^f|}{v^f} \right)^2 \tag{4-21}$$

(3)分配给不同空域用户延误的公平性最大

$$f_3 = \frac{\sum_{m=1}^{N_{\text{airline}}} (\overline{D}_m - D_{N_{\text{airline}}})^2}{N_{\text{airline}} - 1} \tag{4-22}$$

(4)受策略影响起飞时间或飞行路径改变的航空器数量最小

$$f_4 = \sum_{f=1}^{N_F} F^f \tag{4-23}$$

(5)受策略影响增加的航空器额外飞行时间最短

$$f_5 = \sum_{f=1}^{N_F} \frac{|r_i^f| - |r_0^f|}{v^f} \tag{4-24}$$

第五步　通过选择、交叉、变异得到子种群 Q_k 。

第六步　将种群 P_k 和其子种群 Q_k 合并后放入集合 R_k 中。

第七步　以 R_k 中 $2N$ 个个体的适应性函数值为参照,对种群个体进行非劣分层,给出同一分层中个体的种群距离,并选取其中前 N 个个体作为父代种群 P_{k+1} 。

第八步　$k = k + 1$,判断 k 是否等于最大进化代数,等于则结束算法,否则返回到第五步。

4.5　仿真实验及分析

4.5.1　数据统计

根据二维网络模型简化原理,将中南区域广州地区空域结构简化为图 4-6。根据空域拥挤风险预测模型、延误时间参数和 2010 年 5 月 2 日上午 9:00—11:00 中南区域广州地区中共 8 个时段内的 48 架次航班数据,可获得未来一定时间内各扇区在 9:00—11:00 的交通需求值及其对应概率,其中扇区 AC05 的空域拥挤风险变化如表 4-1所示,主要包含交通需求及其概率、容量及其概率以及空域拥挤风险概率。

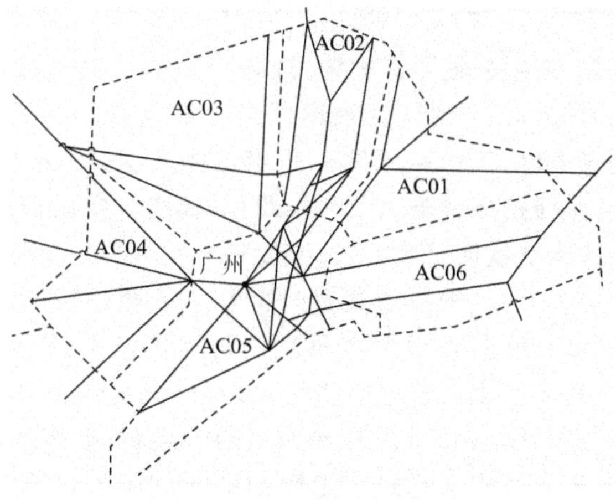

图 4-6　广州地区空域网络结构图

需要说明的是，对扇区 AC05 在高峰运行时间 9:00—11:00 的容量进行动态容量评估[31]，如表 4-1 所示，在 9:30 之前该扇区容量受到流量控制等因素制约，其值在 8.0 架次/15min，在 9:30—10:30 由于恶劣天气影响，导致该容量在从 8 架次/15min 下降至 4 架次/15min，且此情况发生的概率为 65%。

扇区 AC05 空域拥挤风险概率数据表 表 4-1

≥MAP		时间							
		9:00—9:15	9:15—9:30	9:30—9:45	9:45—10:00	10:00—10:15	10:15—10:30	10:30—10:45	10:45—11:00
概率需求	1.0	0.99	0.99	0.99	0.99	0.99	0.99	0.99	0.99
	2.0	0.32	0.89	0.98	0.98	0.98	0.98	0.99	0.99
	3.0	0.05	0.64	0.96	0.98	0.96	0.92	0.95	0.98
	4.0	0.01	0.34	0.87	0.93	0.85	0.79	0.85	0.93
	5.0	0.30×10^{-4}	0.13	0.69	0.80	0.66	0.54	0.66	0.81
	6.0	1.30×10^{-5}	0.04	0.48	0.62	0.43	0.32	0.44	0.61
	7.0	1.77×10^{-7}	0.01	0.27	0.41	0.23	0.16	0.24	0.39
	8.0	1.45×10^{-9}	0.001	0.13	0.22	0.10	0.06	0.11	0.21
	9.0	0.50×10^{-11}	0.0002	0.05	0.10	0.04	0.02	0.04	0.09
AC05	容量	8.0	8.0	4.0	4.0	4.0	4.0	8.0	8.0
	概率	0.65							
空域拥挤风险概率		0.80×10^{-9}	0.60×10^{-3}	0.57	0.60	0.55	0.51	0.07	0.14

根据上述不确定交通需求与容量统计结果，可知 9:45—10:45 内扇区 AC05 拥挤风险概率超过阈值 50%，则认为该扇区发生拥挤(表 4-1)。由于目标空域内其他扇区拥挤风险概率(由于篇幅原因不列出具体数据)均小于阈值，因此认为目标空域也发生拥挤，且拥挤概率与 AC05 相同，需要实施空域拥挤风险管理。

以上分析都是基于空域拥挤发生的不确定性，一旦预测到未来某时间该空域的拥挤概率超过给定阈值，就采取流量管理措施。依照传统的确定性空域拥挤风险解决方法，一旦空域交通需求超过容量就视为拥挤发生，根据表 4-2 所示，应当在 9:00—9:15 时段就采取流量管理措施缓解拥挤，但实际上由于该时段交通需求概率并未超过阈值，则无须从此时段开始调整航空器的起飞时间与飞行路径。实际运行中，该时段由于交通需求超过容量限制的时间不长，且数量不多，管制人员通常不将其视为空域拥挤而采取流量管理措施；9:30—9:45 时段之后由于有较长的一段时间内交通需求都超过了容量限制，对空域运行产生了较大负荷，因此认为发生了拥挤，需要采取流量管理策略，这也与上述实验结果相一致，证明了较之传统确定性方法，本书所建的空域拥挤风险预测模型具有优越性。

扇区 AC05 确定性交通需求与容量的变化分布　　表 4-2

时间	9:00—9:15	9:15—9:30	9:30—9:45	9:45—10:00	10:00—10:15	10:15—10:30	10:30—10:45	10:45—11:00
需求（架次）	9.0	5.0	6.0	7.0	4.0	8.0	4.0	5.0
容量（架次）	8.0	8.0	4.0	4.0	4.0	4.0	4.0	8.0

4.5.2　实验结果及分析

为了缓解 9:30—10:30 扇区 AC05 的拥挤状况，对扇区 AC01～AC06 在 9:00—11:00 的航空器实施空域拥挤风险解决，利用高维多目标优化的 NSGA2 改进算法，采用多种流量管理策略对航班的起飞时间和飞行路径进行优化。

1. 参数选择

- $T = 120\text{min}$, $t_1 = t_2 = \cdots = t_M = t_{M+1} = 10\text{min}$, $M = 12$；
- 时隙数范围 $\delta_j^n \in [-15, 15]$ ，时隙长度 2min；
- 接续航班间隔时间 $\tau = 20\text{min}$；
- $P_{max}^s = 0.50$；
- $J_{Airspace} = 1.0$, $J_{Sector} = 1.0$；
- $J_{Ground} = 1.0$, $J_{Air} = 3.0$；
- $N_{airline} = 15$ 。

其中，J_{Ground} 和 J_{Air} 根据比较空中等待与地面等待的延误成本来获得[68]；P_{max}^s 的取得与空域拥挤风险管理成本损失相关，将在下一章中重点对其描述。

2. 实验结果及分析

根据实际航班数据及上述参数，采用高维多目标优化的 NSGA2 改进算法得到目标函数的 Pareto 解。仿真至第 300 代结束，此时种群中满足空域资源供需约束的优化方案为 35 个，其中构成非支配解集的解有 8 个。表 4-3 给出了各解的指标函数，包括：空域拥挤风险解决策略实施后目标空域拥挤风险概率、全体航班的总延误时间、不同空域用户（即航空公司）间延误时间分配样本方差、受策略影响改变飞行计划的航空器数量以及受策略影响造成的航空器额外飞行时间。可以看出，通过调配航空器的起飞时间和飞行路径，整个目标空域的拥挤风险概率值从原来的 51%下降至 50%以下，低于给定阈值，使整个空域发生拥挤的风险得以缓解。但是必须注意的是，本实验仅解决了空域拥挤风险最高的扇区拥挤问题，其他细节问题尚未解决，需要在下一章中讨论。

最终方案结果对应的指标 表 4-3

序号	目标	方案 1	方案 2	方案 3	方案 4	方案 5	方案 6	方案 7	方案 8
1	空域拥挤风险概率值（%）	31%	45%	39%	43%	40%	34%	37%	49%
2	总航班延误时间(min)	990	891	692	543	722	641	588	735
3	航空公司延误时间分配样本方差(min)	33	44	23	50	27	29	32	20
4	受策略影响改变飞行计划航空器数量(架次)	45	32	46	37	50	42	39	38
5	受策略影响造成的航空器额外飞行时间(min)	251	246	219	254	187	268	210	305

以不同目标函数为主要目标，兼顾其他目标函数，从 Pareto 解集中得到相应的满意解：兼顾目标函数(2)(3)(4)(5)最小的前提下，以实施空域拥挤风险解决策略后空域内发生拥挤的概率最小为主要目标，得到方案 1；兼顾目标函数(1)(3)(4)(5)最小的前提下，以全体航空器的总延误时间最小为主要目标，得到方案 4；兼顾目标函数(1)(2)(4)(5)最小的前提下，以每家航空公司所分配的延误时间公平性最大为主要目标，得到方案 8；兼顾目标函数(1)(2)(3)(5)最小的前提下，以受解决策略影响所调整航空器的数量最小为主要目标，得到方案 2；兼顾目标函数(1)(2)(3)(4)最小的前提下，以受解决策略影响所造成的航空器额外飞行时间最短为主要目标，得到方案 5。从实际运营角度出发，在其他目标降低的基础上，以总延误时间最小为主要目标，选取优化方案 4。

由于 AC05 拥挤所涉及航空器数量比较少，所建基于局部优化的空域拥挤风险解决模型从实际运行角度出发，将已有模型[71]中添加目标函数“最小化受策略影响航空器额外飞行时间”，所得方案 4 与已有模型相比较，如表 4-4 所示：受策略影响航空器数量仅增加 2 架，空域拥挤风险概率略有增加，这对于实际管制运行而言，影响并不算大；而全体航班的总延误时间、受策略影响额外飞行时间等涉及运行成本的指标明显下降，因此较之已有模型，所建模型更符合实际运行需要。

所建模型与已有模型方案结果指标比较　　表4-4

指　　标	方　　案	
	所建模型	已有模型
①空域拥挤风险概率（%）	43	41
②全体航班的总延误时间(min)	543	581
③不同空域用户间延误时间分配（min）	50	51
④受策略影响航空器额外飞行时间（min）	254	381
⑤受策略影响的航空器数量（架次）	37	35

除了上述仿真结果的分析描述，对整个仿真过程中所采用系数的分析如下。

(1)航空器实施地面延误成本权重系数 J_{Ground} 取1.0，实施空中延误成本权重系数 J_{Air} 取3.0，由航空器实施地面延误和空中延误的成本之比决定[68,70]。

(2)基于目标函数"降低在实施空域拥挤风险管理策略后目标空域内扇区拥挤风险概率的同时，针对扇区拥挤风险概率超过其各自阈值的不同扇区，均衡扇区拥挤风险概率值在各扇区的分布"，将目标空域拥挤风险概率和扇区拥挤风险概率间的平衡系数设定为 $J_{Airspace}=J_{Sector}=1.0$，默认目标空域拥挤风险概率与扇区拥挤风险概率的权重相等。

根据图4-7可知，空域拥挤风险解决策略实施后，整个目标空域及所包含扇区的拥挤风险概率明显下降。如果调整 $J_{Airspace}$ 和 J_{Sector} 之间的比例：将系数比从 $J_{Airspace}:J_{Sector}=1:1$ 调整为 $J_{Airspace}:J_{Sector}=3:1$，即增加了目标空域拥挤风险概率在目标函数中所占的比重，则目标空域拥挤风险概率下降更为明显；将系数比从 $J_{Airspace}:J_{Sector}=1:1$ 调整为 $J_{Airspace}:J_{Sector}=1:3$，即增加了各扇区拥挤风险概率在目标函数中所占的比重，扇区拥挤风险概率下降更为明显。而上述平衡系数的选取通常根据实际运行状况，由管制员或空域拥挤风险管理人员选定。

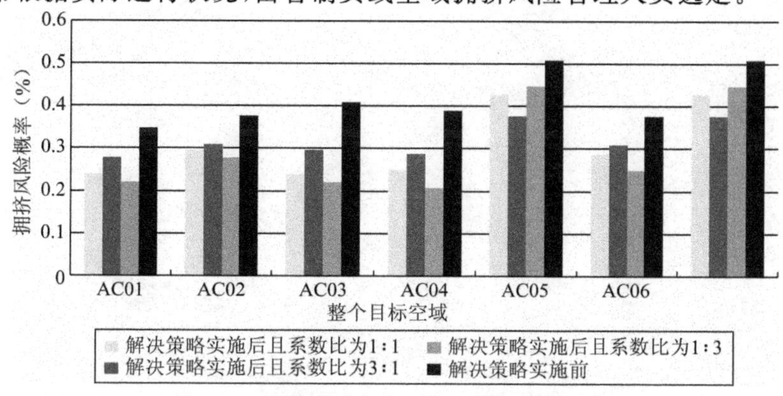

图4-7　不同系数比条件下的空域拥挤概率比较

4.6 本章小结

本章通过将空域拥挤风险预测模型引入空域拥挤风险解决机制中，对未来一段时间空域内拥挤风险发生的可能性进行预测估计，然后从拥挤风险最高的空域局部出发，通过调整航空器的起飞时间和飞行路径，缓解拥挤，同时综合考虑空域内发生拥挤后续可能性、全体航班的总延误时间、不同空域用户延误分配公平性以及解决策略的影响等目标，建立了多目标、非线性规划模型，并利用了高维多目标优化的 NSGA2 改进算法对其进行空域拥挤风险解决策略的初次优化。利用实际航班数据进行仿真，结果表明：所建立的模型和算法不仅能在合理的时间内为空域内航空器找到较优离场时间和较优飞行路径，还能降低空域拥挤风险后续发生的可能性，减少全体航空器运行成本，提高空域用户延误分配的公平性，降低对原有航空器飞行计划的影响程度，使交通需求更符合实际情况，缓解了空域拥挤现象。但是，本章仅是以拥挤风险最高的局部空域扇区为对象，实现了空域拥挤风险解决的初次优化问题；而其他拥挤风险的细节问题，或伴随空域拥挤风险解决产生的问题将在第五章中具体展开。

第5章

基于全局优化的空域拥挤风险解决研究

5.1 概述

根据第4章所述,以拥挤风险最高的空域扇区为对象,实现了空域拥挤风险解决的初次优化问题。但是,初次优化仅是针对最高拥挤风险空域提出,解决问题的同时可能伴随产生其他相邻或相关空域的拥挤风险升高问题。因此,需要在空域运行全局范围内实现空域拥挤风险的缓解。此外,概率空域拥挤管理过程不只包括第3、4章中对空域拥挤风险的预测和解决,还包括确定空域拥挤风险解决策略的实施时间与空域拥挤风险概率阈值,这是本章需要关注的问题,也是空域拥挤风险管理决策研究的主要内容。

本章以概率空域拥挤管理全过程的整合为研究目标,主要从基于全局优化的空域拥挤风险解决、空域拥挤风险解决策略实施时间决策和空域拥挤风险概率阈值决策三方面入手。首先,在第4章基础上,从空域运行全局出发,研究整体交通流均衡运行问题,解决基于局部优化的空域拥挤风险解决研究所遗留的问题。在此基础上,给出空域拥挤风险评价模型,并通过设计空域拥挤风险管理决策方法,将前文所提的空域拥挤风险预测、风险解决过程融合到风险评价过程中,从而选取较为适宜的空域拥挤风险解决策略实施时间,并给出相应的空域拥挤风险概率阈值,并最终实现整个空域拥挤风险管理过程的决策融合,为概率空域拥挤管理提供较为完善的数学模型和理论方法。

5.2 基于全局优化的空域拥挤风险解决模型

5.2.1 问题描述

虽然在上一章中通过基于局部优化的空域拥挤风险解决模型,缓解了空域拥挤风险最高扇区的拥挤问题。但是，从空域拥挤风险管理的研究角度出发，整个概率空域拥挤管理过程仍然存在一定的问题：通过空域拥挤风险解决策略初次优化后，可以缓解最高空域拥挤风险，但仅以拥挤风险最高的空域扇区作为对象，从运行风险与运行成本角度对解决策略进行初次优化，主要关注的还是运行风险与运行成本之间的平衡问题，包括降低未来一段时间内空域拥挤发生的高风险、航空器的延误成本、受解决策略影响程度以及空域用户延误分配的不公平性等，并未从空域全局考虑。也就是说，基于局部优化的空域拥挤风险解决策略虽然将最高拥挤风险的空域扇区运行压力降低下来，但是从整个空域范围运行角度而言，由于交通流时空调配的问题，可能造成邻近空域的拥挤风险上升等问题，从而无法完全保证空域运行全局内各扇区整体的交通流平衡。

因此，本节需要实现的主要目标就是：在空域拥挤风险解决策略初次优化研究基础上，进行多扇区交通流分布平滑与管制协调工作，从而对初次优化空域拥挤风险解决方案进行二次全局优化。具体而言，该二次全局优化需要关注的问题包括：

(1)基于当前管制条件和管制水平，拥挤及其疏导主要围绕扇区开展。虽然空域拥挤最高风险已经通过初次优化得到缓解，但是其他空域扇区的拥挤问题仍需解决。

(2)随着空域运行的复杂化、动态化，仅围绕扇区进行拥挤缓解已经无法满足运行需求，需要考虑交通需求在各扇区间的均衡性问题，实现整个空域内多个扇区交通的整合与平衡，从而彻底解决空域拥挤问题。

(3)对于高拥挤风险扇区内的交通需求，已经在空域拥挤风险解决策略中通过容量加以约束了，但是如何将管制员的工作负荷融入扇区交通需求中，在保证管制员工作效率的同时，避免由于扇区拥挤持续时间过长造成管制员工作负荷加大，也是需要考虑的问题。

因此，从空域运行的全局出发，为了平衡目标空域内各扇区的交通需求，彻底缓解空域拥挤，建立基于全局优化的空域拥挤风险解决模型，对相应的初次解决策略进行二次优化，具体做法是：在基于局部优化的空域拥挤风险解决策略原有的约束条件下，通过调整航空器的时空分配，平衡空域内各扇区的交通流分布，并且通过最小化严重过载的各扇区拥挤持续时间来控制管制员高强度工作的持续时间，降低空域拥挤风险。

5.2.2 参数及其符号说明

- Sec 为目标空域内的扇区 s 集合，N_s 为扇区总数，$s \in \mathrm{Sec}$；
- T 为未来连续的空域运行时间，将其划分为 $M+1$ 个时段，令 $T=\{T_1,$

$T_2,\cdots,T_M,T_{M+1}\}$，且 t 为 T 内的任意时间，$t \in T_i$，$i=1,\cdots,M+1$；

- dt 为滑动窗移动距离；
- W 表示滑动窗口长度的一半；
- N_F 为航空器总数量，航空器 $f=1,\cdots,N_F$；
- Δ^f 为航空器 f 的起飞时隙数集合，$\Delta^f=\{-\delta_m^f,-\delta_m^f+1,\cdots,-1,0,1,\cdots,\delta_p^f-1,\delta_p^f\}$，其中 $-\delta_m^f$ 和 δ_p^f 分别表示航空器 f 起飞的最大提前时隙数和最大延误时隙数，设定每架航空器的起飞时隙数初始值都为 0；
- R^f 为航空器 f 的可选飞行路径集合，$R^f=\{r_0^f,r_1^f,\cdots,r_{\max}^f\}$，其中 r_0^f 和 $r_{\max}^f$ 分别表示航空器 f 的最短飞行路径和最长飞行路径，设定每架航空器的初始飞行路径都为 r_0^f；
- (δ_j^f,r_i^f) 是基于全局优化的空域拥挤风险解决模型的决策变量，其中 δ_j^f 表示航空器 f 的第 j 个起飞时隙数，r_i^f 表示航空器 f 的第 i 条飞行路径，且 $\delta_j^f \in \Delta^f$，$r_i^f \in R^f$；
- N_{Capacity}^s 表示一定时间区间内空域扇区 s 容量可能值的数量，c_i^s 为可能的扇区容量值，Q_i^s 为其对应的概率，且 $\sum\limits_{i=1}^{N_{\text{Capacity}}^s} Q_i^s=1$；
- $k_f(r_i^f,\delta_j^f,s,t)=\begin{cases}1 & \text{时间 } t\text{，航班 } f \text{ 在扇区 } s \text{ 内}\\ 0 & \text{否则}\end{cases}$
  表示航空器 f 在扇区 s 内飞行，且 $r_i^f \in R^f$，$\delta_j^f \in \Delta^f$；
- $g_f(r_i^f,\delta_j^f,s,t)=\begin{cases}1 & \text{时间 } t\text{，航班 } f \text{ 在扇区 } s \text{ 边界飞行}\\ 0 & \text{否则}\end{cases}$
  表示航空器 f 在扇区 s 边界范围内飞行，且 $r_i^f \in R^f$，$\delta_j^f \in \Delta^f$；
- μ_1 为各扇区超出容量的航班数量的均值，
  $$\mu_1=\frac{\sum\limits_{s=1}^{N_s}\sum\limits_{i=1}^{M}\sum\limits_{t\in T_i}\left[\frac{1}{2W+1}\sum\limits_{x=t-D}^{t+D}k_f(r_i^f,\delta_j^f,s,x)+\frac{1}{2(2W+1)}\sum\limits_{x=t-D}^{t+D}g_f(r_i^f,\delta_j^f,s,x)-c_k^s\right]}{N_s}$$
- μ_2 为可接受扇区持续拥挤的时段最大数量；
- μ_3 为可接受扇区持续空闲时段的最小数量；
- $\varepsilon(x)=\begin{cases}1 & x\geqslant 0\\ 0 & \text{否则}\end{cases}$，为单位阶跃函数；
- $a_t^s=\varepsilon\left[\frac{1}{2W+1}\sum\limits_{x=t-D}^{x=t+D}k_f(r_i^f,\delta_j^f,s,x)+\frac{1}{2(2W+1)}\sum\limits_{x=t-D}^{t+D}g_f(r_i^f,\delta_j^f,s,x)-c_k^s\right]$
  表示扇区 s 在时间 t 是否发生拥挤，其中 $t \in T$，$k=1,\cdots,P$；

- $A_t^s = \begin{cases} dt \cdot (a_t^s + a_{t+dt}^s + \cdots + a_{t+j\cdot dt}^s) & \text{如果 } a_t^s = \cdots = a_{t+j\cdot dt}^s = 1, \\ & \text{且 } dt \cdot (a_t^s + a_{t+dt}^s + \cdots + a_{t+j\cdot dt}^s) \geqslant \mu_2 \\ 0 & \text{否则} \end{cases}$

  表示扇区 s 在运行时间区间内持续发生拥挤的时间；

- $B_t^s = \begin{cases} -dt \cdot (a_t^s + a_{t+dt}^s + \cdots + a_{t+j\cdot dt}^s) & \text{如果 } a_t^s = a_{t+dt}^s = \cdots = a_{t+j\cdot dt}^s = 0 \\ 0 & \text{否则} \end{cases}$

  表示扇区 s 在运行时间区间内持续空闲的时间；

- $|r_i^f|$ 表示航空器 f 选择第 i 条飞行路径所需飞行的距离，$r_i^f \in R^f$；
- v^f 表示航空器 f 的飞行速度，由航空器 f 的类型决定；
- t_0^f 表示航空器 f 的原计划起飞时间；
- f' 表示执行航空器 f 接续航班任务的航空器，即 f' 与 f 为先后执行不同航班飞行任务的同一架航空器，记为 $f \Leftrightarrow f'$；
- τ 表示航空器 f 与其接续航班任务的航空器 f' 之间的间隔时间。

5.2.3 数学模型

5.2.3.1 前提条件

为实现上述航班计划的优化问题，需要给出以下几点假设：

(1)航班运行时间区间内各扇区容量已知，且为最大概率所对应的容量值，这是策略得以实现的先决条件。

(2)对在当前航班运行时间区间内无法分配的航班需求，都可在运行时间区间的下一个额外时段内完成，即假设该额外时段各扇区的容量无限，这是为确保所研究问题具有可行解。

5.2.3.2 目标和约束

1. 目标

(1)尽量降低在空域范围内超过容量限制的航班数量，即实现运行时间内各扇区超过容量限制的航班数量之和最小，有

$$y_1 = \min \sum_{i=1}^{M} \sum_{s=1}^{N_s} \sum_{f=1}^{N_F} \sum_{t \in T_i} \left\{ \frac{1}{2W+1} \sum_{x=t-W}^{t+W} k_f(r_i^f, \delta_j^f, s, x) + \frac{1}{2(2W+1)} \sum_{x=t-W}^{t+W} g_f(r_i^f, \delta_j^f, s, x) - c_k^s \right\}$$

$$\left(k = \underset{k=1,\cdots,N_{\text{Capacity}}^s}{\text{argmax}} \{Q_k^s\} \right) \tag{5-1}$$

(2)尽量降低各扇区严重过载的程度，即各扇区超过容量限制的最大航班数量与各扇区超过容量限制航班数量的均值之差最小，有

$$y_2 = \min\sum_{s=1}^{N_s}\left\{\max\sum_{f=1}^{N_F}\sum_{i=1}^{M}\sum_{t\in T_i}\left[\frac{1}{2W+1}\sum_{x=t-W}^{t+W}k_f(r_i^f,\delta_j^f,s,x)+\frac{1}{2(2W+1)}\sum_{x=t-W}^{t+W}g_f(r_i^f,\delta_j^f,s,x)-c_k^s\right]-\mu_1\right\}^2 \tag{5-2}$$

(3)尽量降低管制员高强度工作的持续时间，即严重过载的各扇区拥挤持续时间，也就是使各扇区超过容量限制情况所持续的时间与可接受扇区拥挤持续时间之差最小，有

$$y_3 = \min\sum_{s=1}^{N_s}\sum_{i=1}^{M}\sum_{t\in T_i}(A_t^s-\mu_2)^2 \tag{5-3}$$

2. 约束条件

(1)保证管制员连续高强度工作时段之间的空闲时间，也就是使各扇区不超过容量限制情况所持续的时间高于可接受扇区持续空闲的最小时间，有

$$B_t^s \geqslant \mu_3 \qquad (s=1,\cdots,N_s;t\in T_i,i=1,\cdots,M) \tag{5-4}$$

(2)对每架航空器建立离场时隙数集合，且可选离场时隙数不会偏离原始离场时隙数过大，通常在初始离场时间前后 30min 之内，有

$$0\leqslant\delta_m^f\leqslant 15\ ,\ 0\leqslant\delta_p^f\leqslant 15 \qquad (\delta_j^f\in\Delta^f) \tag{5-5}$$

(3)航空器离场时隙数的调整应考虑接续问题，即某些航空器必须在之前的航班任务到达后等待一定的时间段后方能起飞，有

$$\delta_p^{f'}>\delta_p^f+\tau\ ,\ \delta_m^{f'}>\left(t_0^f+\delta_j^f+\frac{r_i^f}{v^f}\right)+\tau \quad (r_i^f\in R^f,\delta_j^f\in\Delta^f,\delta_j^{f'}\in\Delta^{f'}) \tag{5-6}$$

(4)对每架航空器建立飞行路径集合，且可选飞行路径不会过长，通常不超过初始飞行路径的 30%，方能符合航空公司运营实际，有

$$\frac{|r_{\max}^f|-|r_0^f|}{|r_0^f|}\leqslant 30\% \qquad (r_i^f\in R^f) \tag{5-7}$$

5.2.4　基于多目标遗传算法的求解方法

本书所建立的基于全局优化的空域拥挤风险解决模型，是一个不可分状态变量下的非线性、多目标规划模型，采用传统方法难以对其进行求解，多目标遗传算法是解决此类问题的有效方法之一。与第 4 章一样，本节选取多目标遗传算法中的 NSGA2 算法，采用了基于排序数的适应度赋值机制：在选择操作之前，将群体中的每个成员与支配该个体的所有其他个体数目相关联，考虑群体成员的级别和群体的平均适应度数，保证同级别的种群个体所分配的分布概率相一致，通过设定

适当的选择压力，使得一个整体问题的群体适应度得以保持，并采用适应度共享方式，防止解群的过早收敛[68,70]。虽然该方法不如第4章所采用的、改进的、高位多目标的NSGA2算法，可以更好地解决包含四个以上的多目标问题，但是针对本节所提出的三目标优化问题，其求解效率更高。

5.2.4.1 编码

每架航空器 f 都从各自对应的飞行路径集合 R^f 和起飞时隙数集合 Δ^f 中随机选取新的飞行路径和时隙数，通过编码构成染色体个体中的基因 (δ_j^f, r_i^f)。通过对全体航空器起飞时隙和飞行路径进行编码，实现对全体飞行计划的编码，如图5-1所示。其中，r_i^f 表示航空器 f 可选择的第 i 条路径（$r_i^f \in R^f$，R^f 表示航空器 f 可以选择的飞行路径集合）；δ_j^f 表示航空器 f 可以选择的第 j 个起飞延误时隙数（$\delta_j^f \in \Delta^f$，Δ^f 表示航空器 f 可以选择的起飞时隙数集合）。$f \in \{f_1,\cdots,f,\cdots,f_{N_F}\}$，$N_F$ 为航空器总数。

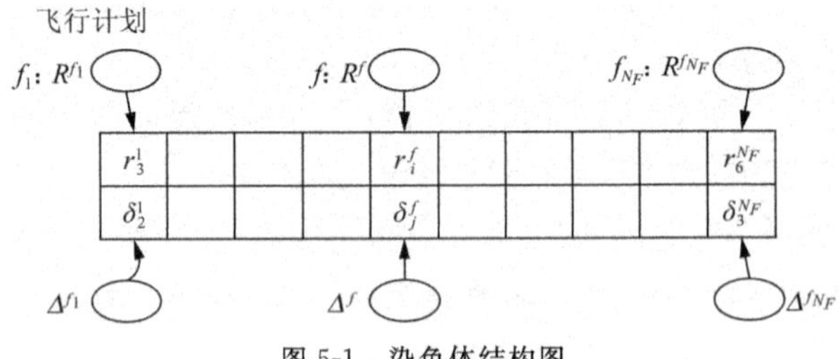

图5-1 染色体结构图

5.2.4.2 适应度选取

(1)第一步，确定适应度函数，$\text{fitness}_1 \sim \text{fitness}_3$ 分别为

$$\text{fitness}_i = \frac{y_i(\text{ref})}{y_i(\text{chorm})} \tag{5-8}$$

式中：$y_i(X)$ ——目标函数 i；

ref——初始状态；

chrom——进化后的状态。

fitness$i$ 越大，种群优化效果越好，$i = 1,2,3$。

(2)第二步，首先随机生成初始群体，建立支配解子集和受支配解子集，然后依次比较初始群体中各个体与其他个体的适应度函数值 fitness_1、fitness_2 和 fitness_3。根据多目标遗传算法中有关“支配”的定义[127]，一旦发现存在其他个体支配当前个体时，就将该个体放入受支配解子集中；反之，则将该个体放入支配解子集中。比较完成后，将建立的第一个支配解子集的等级 k 设为1，即 Rank $(k)=$

$k=1$。然后，对第一个受支配解子集再进行循环，生成等级 k 为 2 的支配解子集。依此类推，不断对上一次循环生成的受支配解子集中的元素进行比较，生成等级递增的支配解子集，且有 $\text{Rank}(k)=k=3,4,5,\cdots$ 直至受支配解子集为空则循环停止。最后，根据每个支配解子集的等级数 $\text{Rank}(k)$，确定等级适应度函数 $\text{fit}_{\text{rank}}(k)$ 为

$$\text{fit}_{\text{rank}}(k)=\exp[1-\text{Rank}(k)]=\exp(1-k) \tag{5-9}$$

式中：k ——支配解子集的等级。

(3)第三步，引入共享函数的概念，即通过采用小生境技术，限制相同个体或类似个体的数量，以保证最优解的多样性；同时，建立共享适应度函数对等级适应度函数进行修正。确定等级为 k 的支配解子集的共享适应度函数 $\text{fit}_{\text{sh}}(k)$ 为

$$\text{fit}_{\text{sh}}(k)=\text{fit}_{\text{rank}}(k)-\left(\frac{m_i-1}{N_k}\right)d_k\cdot 0.99 \tag{5-10}$$

且

$$d_k=\text{fit}_{\text{rank}}(k)-\text{fit}_{\text{rank}}(k+1) \tag{5-11}$$

$$m_i=\sum_{j=1}^{N_k}\text{sh}[d(\vec{y}_i,\vec{y}_j)] \tag{5-12}$$

$$\text{sh}(d)=\begin{cases}1-\left(\dfrac{d}{\sigma_{\text{share}}}\right)^{\alpha} & \text{如果}\quad d>\sigma_{\text{share}}\\ 0 & \text{否则}\end{cases} \tag{5-13}$$

$$d=d(\vec{y}_i,\vec{y}_j)=\sqrt{(y_{j1}-y_{i1})^2+(y_{j2}-y_{i2})^2} \tag{5-14}$$

式中：σ_{share} ——预先指定的一个表示小生境范围的参数，取 $d(\vec{y}_i,\vec{y}_j)$ 最大值的 5%[127]；

m_i ——小生境数，用于衡量个体 i 所在的等级为 k 的支配解子集中与其他个体在其周围的聚集程度；

$\text{sh}(d)$ ——共享函数，是等级为 k 的支配解子集中个体间距离 d 的单调递减函数。

5.2.4.3 选择

根据种群中不同等级下支配解子集的共享适应度，可给出这些子集中所包含个体的共享适应度的值，选取共享适应度较小的个体，并保证种群大小不变。

5.2.4.4 交叉

染色体交叉操作规则如图 5-2 所示。

(1)选择两个父代个体。

(2)计算飞行计划 n 分别在两个父代个体 p 中的各扇区平均拥挤水平 W_n^p，有

$$W_n^p = \sum_{s \in \mathrm{Sec}} \sum_{t \in T} \sum_{f=1}^{N_F} \left[\frac{1}{2W+1} \sum_{x=t-W}^{t+W} k_f(r_i^f, \delta_j^f, s, x) + \frac{1}{2(2W+1)} \sum_{x=t-W}^{t+W} g_f(r_i^f, \delta_j^f, s, x) \right] \tag{5-15}$$

(3)根据如下规则排列各航空器所过扇区总拥挤程度的顺序关系：

①如果 $W_n^1 < \alpha W_n^2$ ($\alpha \in [0.7, 0.95]$)，则认为父代个体 1 中的飞行计划 n“远优于”父代个体 2 中的飞行计划 n；

②如果 $W_n^2 < \alpha W_n^1$ ($\alpha \in [0.7, 0.95]$)，则认为父代个体 2 中的飞行计划 n“远优于”父代个体 1 中的飞行计划 n；

③如果上述假设都不满足，认为父代个体 1 和 2 中的飞行计划 n“相等”。

(4)如果在父代个体 1 中的飞行计划 n“远优于”父代个体 2 中的飞行计划 n，那么在子代个体 2 中复制父代个体 1 中的飞行计划 n。

(5)如果在父代个体 2 中的飞行计划 n“远优于”父代个体 1 中的飞行计划 n，那么在子代个体 1 中复制父代个体 2 中的飞行计划 n。

(6)如果父代个体 1 和 2 中的飞行计划 n“相等”，则将父代个体 1 和父代个体 2 中的时隙数、路径安排在子代个体 1 和子代个体 2 中，且以一定的概率(取值为 0.5)进行交换。

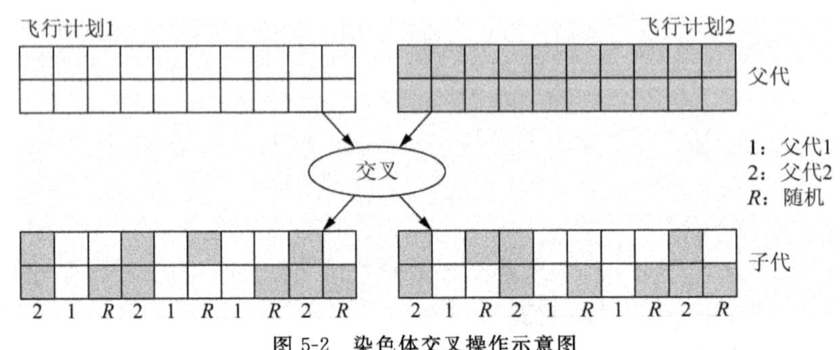

图 5-2　染色体交叉操作示意图

5.2.4.5　变异

如图 5-3 所示，染色体变异操作规则如下：

(1)随机选取阈值 Th，确定调整飞行计划中的起飞时隙和飞行路径后所引发的扇区拥挤水平为 W，有

$$W = \sum_{s \in \mathrm{Sec}} \sum_{t \in T} \sum_{f=1}^{N_F} \left[\frac{1}{2W+1} \sum_{x=t-W}^{t+W} k_f(r_i^f, \delta_j^f, s, x) + \frac{1}{2(2W+1)} \sum_{x=t-W}^{t+W} g_f(r_i^f, \delta_j^f, s, x) \right] \tag{5-16}$$

(2)如果 $W > Th$，则从每架航空器 f 所对应的飞行路径集合 R^f 和起飞时隙集合 Δ^f 中随机选取新的飞行路径或起飞时隙数；

(3)如果条件 $W > Th$ 不满足,则飞行计划不发生改变。

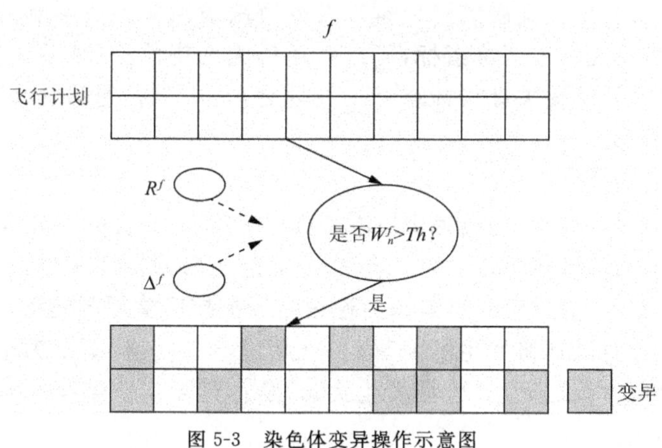

图 5-3　染色体变异操作示意图

5.3　空域拥挤风险评价模型

5.3.1　问题描述

虽然通过上一节的基于全局优化的空域拥挤风险解决过程,从空域运行全局出发,进一步缓解了拥挤问题,但主要关注的仍是具体的流量调配问题,没有讨论空域拥挤风险解决策略的实施时间点问题。为了进一步精确化空域拥挤风险管理过程,确定空域拥挤风险解决策略的实施时间问题也比较重要:如果解决策略采取较早,则可能引起不必要的航班延误;如果解决策略采取较晚,则实施措施所造成的成本损失可能更高。当前实际运行中,针对无法有效地确定空域拥挤风险解决策略实施时间的问题,主要还是通过依靠空域拥挤管理人员的经验,对实施空域拥挤风险解决策略的时间加以判断和确定。由于不同的空域拥挤管理人员的经验不同,各自对拥挤的严重程度和对拥挤解决策略的实施效果认知不同,因此,这种"人为"确定策略实施时间的做法缺乏科学性和可靠性,并且忽视了策略实施时间对其实施效率和效益的影响。因此,本节需要解决的问题就是:在空域拥挤风险解决策略初次优化基础上,把握交通需求与容量的不确定性对空域拥挤风险预测的影响,建立空域拥挤风险评价模型,针对预测到的空域拥挤度,选择正确的时间点切入空域拥挤风险解决策略,从而缓解拥挤、满足交通流量管理的动态性要求。

根据空域拥挤风险管理解决模型可知,空域拥挤风险解决策略前后两次优化的主要目的，是降低解决策略实施后整个空域的拥挤程度及各扇区拥挤程度均值、航空器空中延误和地面延误的总成本以及受解决策略实施所影响的航空器数量，因此，将其作为风险损失评价指标，可以利用损失期望值法，对不同空域拥挤风险解决策略实施时间的损失进行计算[72]。在此之前，应当首先明确其间所涉及的风险概率和风险损失。

(1)风险概率

风险概率是指风险管理过程中风险事件的概率分布，是风险度量的先决条件。通常，风险概率及其分布可以根据大量的历史信息数据统计获得。本书中将空域拥挤风险概率作为风险概率，这是因为通过空域拥挤风险预测模型，可以获得未来一段时间内目标空域拥挤发生的概率，一旦超过给定阈值，则视为空域拥挤发生。只有在此风险概率值之下，方可能发生拥挤，从而需要实施解决措施，才会涉及相关损失成本问题。

(2)风险损失

风险损失是指风险事件的发生所带来的经济、安全、效益等方面的危害，主要从三个方面进行衡量：

一是风险损失的性质。旨在明确风险可能造成的损失属于何种范畴，例如经济性、技术性或安全性等。本书中，空域拥挤风险损失的性质比较具体，其中，解决策略实施后航空器空中延误和地面延误的总成本属于经济性的，整个空域的拥挤程度及其均值以及受解决策略实施所影响的航空器数量属于技术性的。

二是风险损失的大小。旨在明确风险可能带来的损失的严重程度及其变化幅度。本书中，空域拥挤风险损失的大小等于为解决策略实施后，整个空域的拥挤程度及各扇区拥挤程度均值、航空器空中延误和地面延误的总成本以及受解决策略实施所影响的航空器数量。由于衡量这些损失的标准不同，因此为了衡量这些损失的大小，需要加入一定的权重系数，方能进行风险评价。

三是风险损失的时间。旨在明确风险造成损失的作用时间，具体表现为：损失是突发性的，或是随时间逐渐致损的；是在风险事件发生后即刻体现危害的，或是随时间推移而逐渐显现的等。本书中，根据空域拥挤风险预测所得到的拥挤发生时间，判断空域拥挤风险解决策略所能造成的损失成本大小，将较小的损失成本所对应的拥挤发生时间视为合适的策略实施时间。

通过上述过程，本节的主要目的就是：分析和估计空域拥挤风险概率和风险可能带来的损失大小，通过计算两者的乘积，求出空域拥挤风险的损失期望值去度量该风险，然后根据度量值和风险损失时间，获得所需的空域拥挤风险解决策略实施时间。

5.3.2 参数及符号说明

- T 为未来连续的空域运行时间，将其划分为 $M+1$ 个时段，令 $T=\{T_1, T_2, \cdots, T_M, T_{M+1}\}$，且 t 为 T 内的任意时间，$t \in T_i$，$T_i = 15\text{min}$；
- W 为滑动时间窗口长度的一半，$W = 10\text{min}$；
- Sec 为目标空域内的扇区 s 集合，N_s 为扇区总数，$s \in \text{Sec}$；
- $P^s_{\text{congestion}}$ 为一定时间区间内存在空域扇区容量不确定条件下空域扇区 s 发生拥挤的概率，P_{Airspace} 为一定时间区间内包含若干扇区 s 的空域发生拥挤的概率，$P^s_{\max}$ 为空域拥挤风险概率阈值，$s \in \text{Sec}$；
- N^s_{Capacity} 为一定时间区间内空域扇区 s 容量可能值的数量，c^s_j 为可能的扇区容量，Q^s_j 为其对应概率，且 $\sum\limits_{j=1}^{N^s_{\text{Capacity}}} Q^s_j = 1$，$s \in \text{Sec}$；
- Dep_i 为 T_{i-1} 时段在目标空域内、且 T_i 时段不在目标空域的航空器 f 的集合，$f \in \text{Dep}_i$，$T_i \subset T$，$i = 1, \cdots, M+1$；
- Arr_i 为 T_{i-1} 时段不在目标空域内、且 T_i 时段在目标空域的航空器 f 集合，$f \in \text{Arr}_i$，$T_i \subset T$，$i = 1, \cdots, M+1$；
- In_i 为 T_{i-1} 和 T_i 时段都在目标空域内的航空器 f 集合，$f \in \text{In}_i$，$T_i \subset T$，$i = 1, \cdots, M+1$；
- N 为航空器总数；
- t^0_f 为航空器 f 计划起飞的时间，$t^0_f \in T$；
- t'_f 为航空器 f 实际起飞的时间，$t'_f \in T$；
- e_f 为航空器 f 计划离开空域的时间，$e_f \in T$；
- T_f 为航空器 f 离开空域时间的集合，$T_f = \{t \in T \mid t \geqslant e_f\}$，$T_f \subset T$；
- J_{Ground} 和 J_{Air} 分别为航空器 f 进入空域前的地面等待延误成本系数和空中等待延误成本系数；
- $x_f(t) = \begin{cases} 1 & \text{时间 } t \in T_i，\text{航空器 } f \in \text{Dep}_i \\ 0 & \text{否则} \end{cases}$

  表示航空器 f 在 T_i 时段离开目标空域，$T_i \subset T$，$i = 1, \cdots, M+1$；
- $y_f(t) = \begin{cases} 1 & \text{时间 } t \in T_i，\text{航空器 } f \in \text{Arr}_i \\ 0 & \text{否则} \end{cases}$

  表示航空器 f 在 T_i 时段进入目标空域，$T_i \subset T$，$i = 1, \cdots, M+1$；
- $z_f(t) = \begin{cases} 1 & \text{时间 } t \in T_i，\text{航空器 } f \in \text{In}_i \\ 0 & \text{否则} \end{cases}$

表示航空器 f 在 $[T_{i-1},T_i]$ 时段位于目标空域内，$T_i \subset T$，$i=1,\cdots,M+1$；

- $S = L \cdot (a \cdot D + b \cdot I)$，表示空域拥挤风险解决策略实施后所造成的风险损失成本，其中，L 表示空域拥挤风险策略实施的概率，D 表示空域拥挤风险解决策略实施后所造成的直接损失，I 表示空域拥挤风险解决策略实施后所造成的间接损失，a 和 b 分别表示直接损失和间接损失的权重。

5.3.3 数学模型

对发生拥挤的空域进行拥挤风险解决，进行空域拥挤风险解决的同时会造成一定损失，根据空域拥挤风险管理运行实际，通常需要进行评价的风险损失包括：

(1)直接损失 D。即空域拥挤风险解决策略实施后整个空域的拥挤程度

$$D = \sum_{i=1}^{M}\sum_{s=1}^{N_s}\sum_{t\in T_i}\left\{\sum_{t-W}^{t+W}\frac{1}{2W+1}\left[\sum_{f\in \mathrm{Arr}_i} y_f(t) - \sum_{f\in \mathrm{Dep}_i} x_f(t) + \sum_{f\in \mathrm{In}_i} z_f(t\right] - c_j^s)\right\} \tag{5-17}$$

$$j = \underset{j=1,\cdots,N^s_{\mathrm{Capacity}}}{\mathrm{argmax}} \{Q_j^s\}$$

(2)间接损失 I。即空域拥挤风险管理产生的航空器运行延误成本，包括地面延误成本和空中延误成本

$$I = \sum_{f=1}^{N}\{J_{\mathrm{Ground}} \cdot (t'_f - t^0_f) + J_{\mathrm{Air}} \cdot [(t - e_f) - (t'_f - t^0_f)]\}, \ t \in T_f \tag{5-18}$$

设空域拥挤风险解决策略实施后，空域拥挤发生的概率 $L = P_{\mathrm{Airspace}} = \max\limits_{s\in \mathrm{Sec}} P^s_{\mathrm{congestion}}$，则风险损失成本 S 为

$$S = (a \cdot D + b \cdot I) \cdot L \tag{5-19}$$

其中，a 和 b 分别为直接损失的权重和间接损失的权重。

5.4 空域拥挤风险管理决策方法

除了确定空域拥挤风险解决措施实施时间、空域拥挤风险解决策略之外，空域拥挤风险概率阈值作为触发空域拥挤风险的关键，与整个空域拥挤风险管理成本、安全息息相关。也就是说，对空域拥挤风险概率阈值的求取过程，不是一个单一、孤立的过程，而是一个完整的运行过程。

如图 5-4 所示，在前文研究基础上，该过程首先将概率空域拥挤管理中空域扇区交通需求预测过程、空域拥挤风险预测过程、基于局部优化和全局优化的空域拥

挤风险解决过程相互融合；然后，综合考虑空域拥挤风险损失成本，通过对比分析，进而与选取空域风险解决策略实施时间相结合的过程。具体而言，就是利用决策树方法，建立不同实施时间下、不同概率阈值选择下的概率空域拥挤管理的情景对比，通过空域拥挤风险损失成本比较，选择成本较小的空域拥挤风险管理实施路径，进而获得风险概率阈值和解决策略的实施时间。

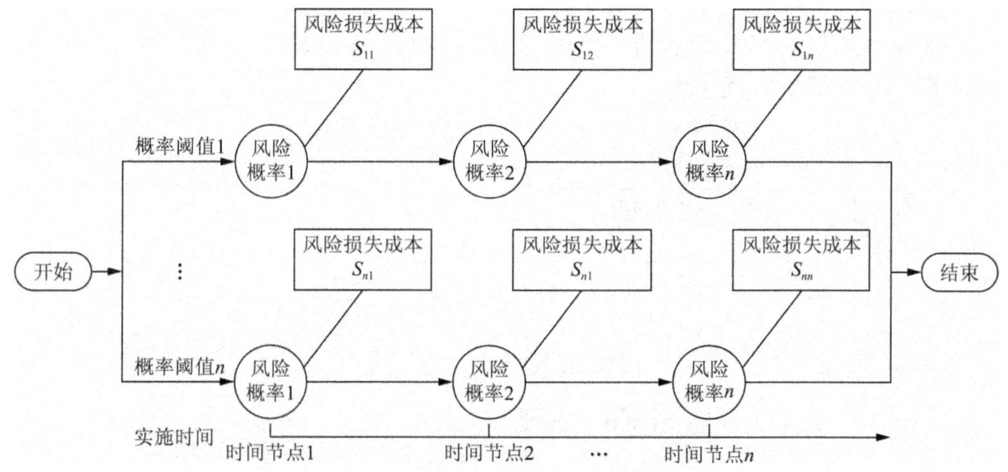

图 5-4　空域拥挤风险管理决策方法示意图

由此启发，结合前两章空域拥挤风险预测与解决研究成果，通过空域拥挤风险概率阈值的选取、空域拥挤风险解决措施实施时间的确定以及空域拥挤风险解决措施的优化，实现整个空域拥挤风险管理的决策过程，建立空域拥挤风险管理时间决策树，如图 5-5 所示。具体步骤如下：

第一步　利用空域拥挤风险预测模型，估计各个扇区及整个空域发生拥挤的可能性。

第二步　给出空域拥挤风险概率阈值范围及步长，建立相应状态节点。

第三步　给出空域拥挤风险解决策略实施的时间范围和步长，建立时间轴。

第四步　一旦发现未来某时间该空域的拥挤风险超过给定阈值范围下限，选取空域拥挤风险最高的扇区，根据第二步所给阈值，沿第三步所建时间轴，通过基于局部优化的空域拥挤风险解决模型，对不同时间切入点下的解决策略进行初次优化。

第五步　利用空域拥挤风险预测模型，计算优化后的空域拥挤风险概率 L，并在时间轴的相应位置上标明。

第六步　计算不同路径下风险损失成本 S，并取最小值。

第七步 最小值所对应路径的决策点时间为实施流量管理措施的较优时间点，所对应的阈值为较优空域拥挤风险概率阈值。

第八步 根据确定阈值和实施时间点，在局部优化基础上，对不同时间切入点下的解决策略进行二次优化，即进行基于全局优化的空域拥挤风险解决，并计算二次优化后的空域拥挤风险概率 L。

第九步 判断。

如果该风险概率 L 超过给定阈值，则转至第四步；否则，认为此节点为终节点，结束概率空域拥挤管理过程。

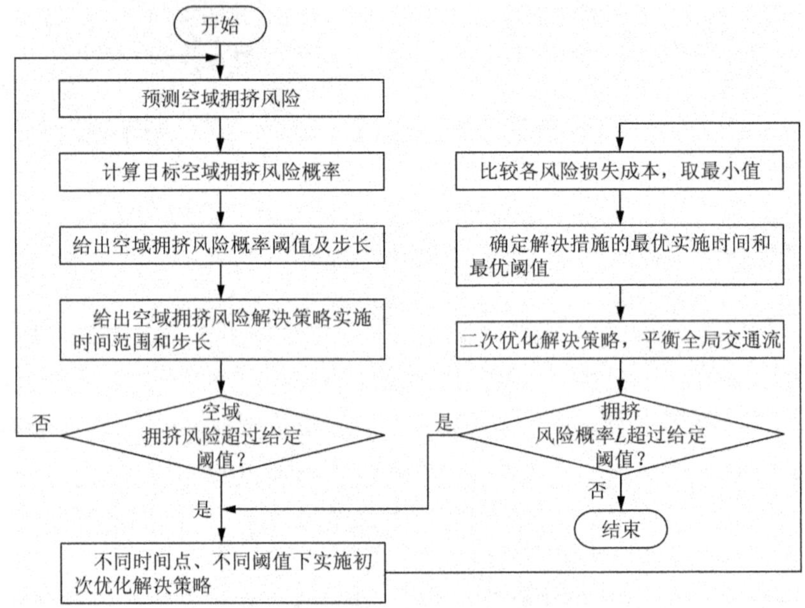

图 5-5 空域拥挤风险管理时间决策流程图

5.5 仿真实验及分析

5.5.1 数据统计

根据广州区域 2009 年 10 月份第四周运行数据，统计扇区 AC05 内共 3946 架次航班，获得 10 月 30 日扇区 AC01～AC05 在高峰运行时间 9:00—11:00 提前 1 小时的交通需求值及其概率分布，其中繁忙扇区 AC05 交通需求及其概率分布如表 5-1 所示。

扇区 AC05 交通需求及其概率分布　　表 5-1

≥MAP		时间							
		9:00—9:15	9:15—9:30	9:30—9:45	9:45—10:00	10:00—10:15	10:15—10:30	10:30—10:45	10:45—11:00
概率需求	1.0	0.99	0.99	0.99	0.99	0.99	0.99	0.99	0.99
	2.0	0.88	0.90	0.99	0.99	0.99	0.98	0.99	0.99
	3.0	0.55	0.64	0.97	0.98	0.96	0.92	0.95	0.98
	4.0	0.31	0.34	0.87	0.93	0.85	0.76	0.85	0.93
	5.0	0.11	0.13	0.69	0.80	0.66	0.54	0.66	0.81
	6.0	0.03	0.04	0.48	0.62	0.43	0.32	0.44	0.61
	7.0	0.40×10^{-3}	0.01	0.27	0.40	0.23	0.16	0.24	0.39
	8.0	0.50×10^{-5}	0.10×10^{-3}	0.13	0.22	0.10	0.06	0.11	0.21
	9.0	0.10×10^{-7}	0.20×10^{-4}	0.05	0.10	0.04	0.02	0.04	0.09

根据实际经验，由于流量控制等影响，假设该扇区的容量值恒为 8.0 架次/15min，则发生空域拥挤的风险未超过阈值范围[50%，60%]。但是，一旦因为恶劣天气等因素导致该扇区的容量下降(表 5-2)，则该扇区发生空域拥挤的风险就会增加，在 9:30—10:45 空域拥挤风险高于阈值下限，则认为 9:30—10:45 该扇区发生拥挤，且其他扇区未出现拥挤风险高于阈值下限的情况，因此认为扇区 AC05 造成目标空域的拥挤问题，需要对目标空域实施流量管理，具体空域拥挤风险概率值见表 5-2。

扇区 AC05 容量变化及空域拥挤风险概率分布　　表 5-2

时间	9:00—9:15	9:15—9:30	9:30—9:45	9:45—10:00	10:00—10:15	10:15—10:30	10:30—10:45	10:45—11:00
容量(架次/15min)	8.0	8.0	4.0	4.0	4.0	4.0	4.0	8.0
概率	0.75							
扇区拥挤风险概率	0.38×10^{-3}	0.75×10^{-4}	0.65	0.70	0.64	0.57	0.64	0.16
空域拥挤风险概率	0.38×10^{-3}	0.75×10^{-4}	0.65	0.70	0.64	0.57	0.64	0.16

为了缓解 9:30—10:45 扇区 AC05 的拥挤状况，分别从 9:00、9:15 和 9:30 对其后时段内该扇区中的航空器实施初次优化，所建空域拥挤风险管理决策树如图 5-6所示。

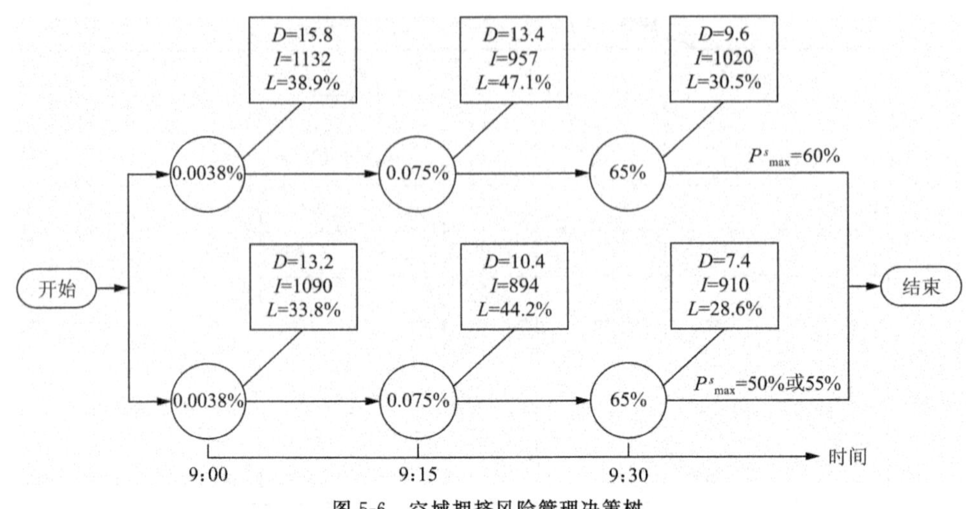

图 5-6　空域拥挤风险管理决策树

在空域拥挤风险概率阈值范围[50%,60%]内,令步长为 5%,针对不同的空域拥挤风险概率阈值,具体仿真结果如下:

(1)取空域拥挤风险概率阈值 $P^s_{\max}=50\%$或 55%时,9:30—10:45 发生拥挤:如果对 9:00—11:00 的 53 架航空器在 9:00 采取初次优化,取较优策略后空域拥挤程度为 13.2,总延误时间为 1090min,空域拥挤发生的后续概率为 33.8%;如果对 9:15—11:00 的 42 架航空器在 9:15 采取初次优化,取较优策略后空域拥挤程度为 10.4,总延误时间为 894min,空域拥挤发生的后续概率为 44.2%;如果对 9:30—11:00 的 36 架航空器在 9:30 采取初次优化,取较优策略后空域拥挤程度为 7.4,总延误时间为 910min,空域拥挤发生的后续概率为 28.6%。

(2)取空域拥挤风险概率阈值 $P^s_{\max}=60\%$时,9:30—10:15 及 10:30—10:45 发生拥挤:如果对 9:00—11:00 的 53 架航空器在 9:00 采取初次优化,取较优策略后空域拥挤程度为 15.8,总延误时间为 1132min,空域拥挤发生的后续概率为38.9%;如果对 9:15—11:00 的 42 架航空器在 9:15 采取初次优化,取较优策略后空域拥挤程度为 13.4,总延误时间为 957min,空域拥挤发生的后续概率为 47.1%;如果对 9:30—11:00 的 36 架航空器在 9:30 采取初次优化,取较优策略后空域拥挤程度为 9.6,总延误时间为 1020min,空域拥挤发生的后续概率为 30.5%。

调整风险损失成本权重系数,分析总延误时间和空域拥挤指标对风险损失成本的影响:

(1)取空域拥挤风险概率阈值 $P^s_{\max}=50\%$(或 55%,根据表 5-2 可知,50%与 55%取值效果一致)时,如果 $a=1,b=0.1$,则三种流量管理策略的风险损失成本分别为 41.3、44.1 和 34.0，选择从 9:30 进行流量管理较优；如果 $a=1$，$b=0.01$，三种流量管理策略的风险损失成本分别为 8.15、8.54 和 4.72，选择从 9:30 进行流量管理较优；如果 $a=0.1$，$b=0.01$，则三种流量管理策略的风险损失成本分别为4.1、4.4 和 2.8，同样选择从 9:30 进行流量管理较优。

(2)取空域拥挤风险概率阈值 $P_{max}^{s}=60\%$时，如果 $a=1$，$b=0.1$，则三种流量管理策略的风险损失成本分别为 50.2、51.2 和 28.1，选择从 9:30 进行流量管理较优；如果 $a=1$，$b=0.01$，三种流量管理策略的风险损失成本分别为 10.6、10.8 和 6.0，选择从 9:30 进行流量管理较优；如果 $a=0.1$，$b=0.01$，则三种流量管理策略的风险损失成本分别为 5.0、5.1 和 3.4，同样选择从 9:30 进行流量管理较优。

(3)由于 $P_{max}^{s}=50\%$或 55%时，风险损失成本较小，因此选择空域拥挤风险发生阈值为 $P_{max}^{s}=50\%$或 55%，且流量管理措施的时间选择为 9:30。

依照传统的确定性空域拥挤管理研究，一旦空域交通需求超过容量就视为拥挤发生，因此根据表 5-3 应当分别在 9:00—9:15、9:45—10:00、10:15—10:30 以及 10:45—11:00 这四个时段采取流量管理措施缓解拥挤；但是，从上述空域拥挤风险分析结果可知，从 9:30 切入流量管理措施在有效缓解空域拥挤的同时，对运行成本的损失更小，流量管理措施对全局交通流影响更小。实际运行中，9:00—9:15和 10:45—11:00 这两时段由于交通需求超过容量限制的时间不长，且数量不多，管制人员通常不将其视为空域拥挤而采取流量管理措施；9:30 之后，虽然其间有流量与容量刚好匹配的时段，但是由于有较长的一段时间内交通需求都超过了容量限制，且对空域运行负荷较大，因此认为发生了拥挤，需要采取连续时段内的流量管理策略，对空域拥挤及其可能产生的延误累积进行缓解，这也与上述实验结果相一致。

扇区 AC05 确定性交通需求与容量的变化分布　　表 5-3

时间	9:00—9:15	9:15—9:30	9:30—9:45	9:45—10:00	10:00—10:15	10:15—10:30	10:30—10:45	10:45—11:00
需求(架次/15min)	9.0	7.0	3.0	7.0	4.0	8.0	4.0	10.0
容量(架次/15min)	8.0	8.0	4.0	4.0	4.0	4.0	4.0	8.0

5.5.2 实验结果及分析

5.5.2.1　参数选择

为了缓解 9:30—10:30 扇区 AC05 的拥挤状况，在 9:00—11:00 对目标空域内的扇区 AC01～AC06 中运行的航空器实施空域拥挤风险解决：建立每架航空器的离场时隙数集合，保证离场时间只能在初始离场时间的前后 30min 内调整；建立每架航空器飞行路径集合，保证每条飞行路径的额外飞行距离不超过最短飞行路径长度的 30%。

- $T = 120\text{min}$, $t_1 = t_2 = \cdots = t_M = t_{M+1} = 10\text{min}$, $M = 12$；
- 时隙数范围 $\delta_j^n \in [-15,15]$，时隙长度 2min；
- 接续航班间隔时间 $\tau = 20\text{min}$；
- 滑动窗 $W = 5\text{min}$；
- $P_{\max}^s = 0.50$；
- $\mu_2 = 5\text{min}$, $\mu_3 = 5\text{min}$ 。

5.5.2.2 实验结果及分析

结合实际航班运行数据和一次优化结果，采用基于多目标遗传算法的求解方法对空域运行全局实施二次优化，得到目标函数 Pareto 解。仿真结束后，在第 300 代种群中优化方案有 35 个，其中构成非支配解集的解为 10 个，表 5-4 给出了各解对应的适应度值及平均延误时间值。

最终方案结果对应的适应度值及平均延误时间值 表 5-4

适应度	方案									
	1	2	3	4	5	6	7	8	9	10
$fitness_1$	4.35	3.79	3.28	2.51	3.39	3.11	2.70	2.89	3.04	4.25
$fitness_2$	3.36	4.29	3.57	3.01	2.51	2.89	3.37	3.58	4.17	3.91
$fitness_3$	2.94	3.17	4.64	3.63	3.88	3.45	4.29	4.07	3.93	3.65
平均延误时间(min)	24.6	23.5	22.4	25.7	24.9	28.0	22.5	23.8	25.1	23.1

以不同目标函数为主要目标，兼顾其他目标函数，从 Pareto 解集中得到相应的满意解：兼顾目标函数式(5-2)、式(5-3)最小的前提下，以航班运行期间各扇区超出容量限制的航班数量总和最小为主要目标，得到方案 1；兼顾目标函数式(5-1)、式(5-3)最小的前提下，以各扇区超过容量限制的最大航班数量最小为主要目标，得到方案 2；兼顾目标函数式(5-1)、式(5-2)最小的前提下，以管制员高强度工作持续时间最小为主要目标，得到方案 3。三个方案的平均延误时间分别为 24.6min、23.5min、22.4min。从实际运营角度出发，在交通流需求降低的基础上，以总延误时间最小为主要目标，选取表 5-4 中的优化方案 3。

根据实际航班计划统计得到"优化前"的交通流需求分布，利用本书的方法得到航班计划优化后的结果，并将多目标优化下的方案 3 与已有单目标优化模型下[144]的交通流分布进行比较。在此所引用的单目标优化模型是以“运行时间内各扇区超过容量限制的航班数量之和最小”为目标的；也就是说，该模型的目标与本章所建基于全局优化的空域拥挤风险解决模型的目标函数式(5-1)相一致，并通过整数规划对“优化前”的交通流需求进行管理。图5-7是优化前与多目标优化后扇区AC05持续拥挤时间分布，图5-8是优化前、多目标与单目标优化后目标空域扇区AC05交通流分布，图5-9是优化前、多目标与单目标优化后目标空域(含AC01～AC05)的交通流高峰分布。

从图5-7中可以看出，通过所建模型中的目标函数及优化算法，繁忙扇区AC05的持续拥挤时间明显下降，降低了管制员的工作负荷；从图5-8和图5-9中可以看出，与单目标优化求解的结果相比，多目标优化在满足总延误时间最小的前提下，更能明显地降低目标空域整体及其所含繁忙扇区内的交通流，证明多目标优化比单目标更能减轻目标空域的严重负载情况，使交通流分布更为平滑，将高峰拥挤时段超过扇区容量的交通流分配到其他较为空闲的时段，缓解了目标空域内的超负荷运行状态。

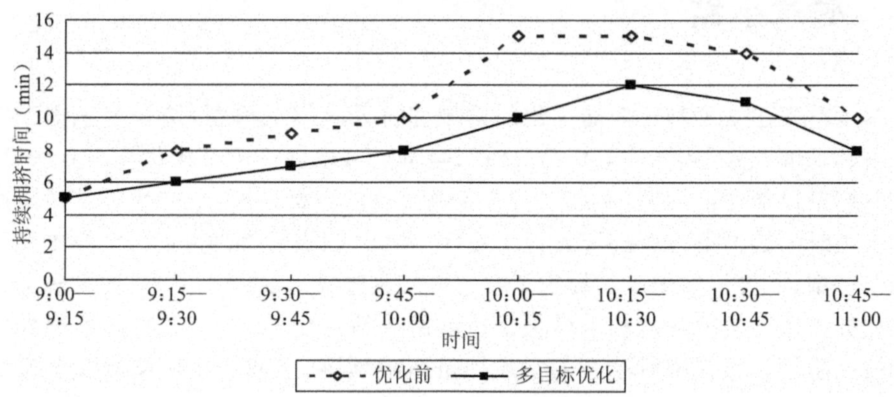

图5-7　优化前与多目标优化后扇区AC05持续拥挤时间分布图

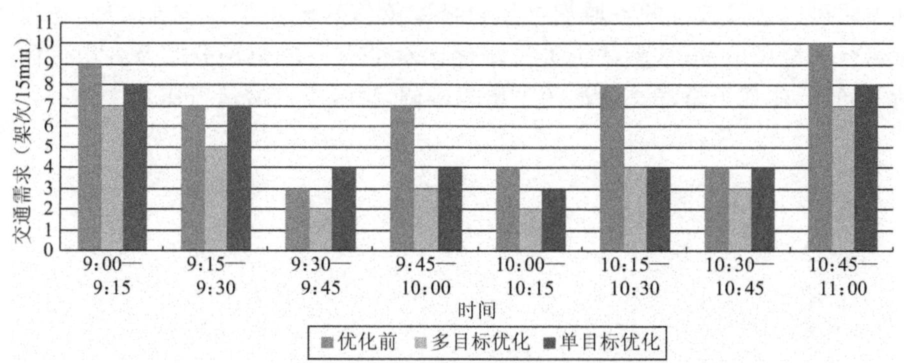

图5-8　优化前、多目标与单目标优化后扇区AC05交通流分布图

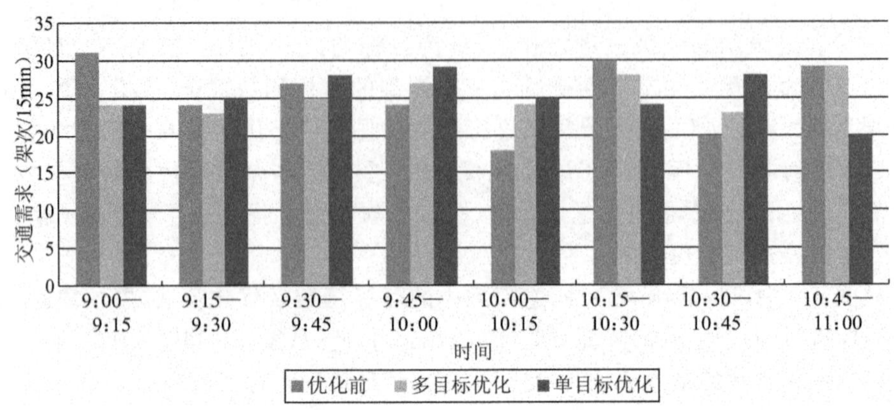

图 5-9　优化前、多目标与单目标优化后目标空域的交通流高峰分布图

5.6　本章小结

本章首先建立了基于全局优化的空域拥挤风险解决模型，结合基于多目标遗传算法的求解方法，从空域运行全局对风险解决策略进行了二次优化。其次，建立了空域拥挤风险评价模型，通过进行空域拥挤风险分析评价，对空域拥挤风险解决策略实施时间的决策问题进行分析。最后，在第 3、4 章研究基础上，结合本章所建的两个模型，以决策树的形式提出了空域拥挤风险管理决策方法，以搜索较为适宜的空域拥挤风险概率阈值和空域拥挤风险解决策略实施时间，并将本书所提的空域拥挤风险管理过程中所涉及的空域拥挤风险预测、空域拥挤风险解决和空域拥挤风险管理决策三个过程进行了较为完整的融合。仿真实验及分析表明，所建模型和方法可以获得较优的空域拥挤风险概率阈值和解决策略实施时间，还可以从空域运行的全局出发，从整体上进一步优化解决交通流全局分布及各扇区的运行负荷等问题，实现了全局交通流的平衡与协调，缓解了空域运行压力。

第6章
总结与展望

6.1 研究结论与成果

随着我国空域运行环境的复杂化、动态化日益加深，不确定因素影响越发突出，在空域拥挤管理的同时，综合考虑不确定空域环境的演化机理，从风险管理角度进一步深化对空域拥挤管理的认知，把握不确定交通需求下的概率空域拥挤管理原理和方法，是空域拥挤管理亟待解决的问题之一，也是本书研究的主旨。

本书通过深入研究不确定交通需求预测下的概率空域拥挤管理的基本原理、关键问题和主要方法，通过数学建模和计算机仿真验证等手段，获得的主要研究结论和成果如下。

(1)建立了空域扇区概率需求预测模型，量化了空域扇区交通需求预测误差，揭示了交通需求预测概率分布规律。空域扇区概率需求预测模型综合考虑了影响扇区交通需求预测的主要因素，即航空器的到达扇区时间、扇区飞行时间和离开扇区时间，通过分析这三个因素的随机特征，获得了空域扇区内交通需求预测随时间变化的随机规律。仿真研究表明，基于实际运行数据与预测数据，通过统计分析各随机变量的数字特征，预测模型可以有效量化未来一段时间内扇区交通需求的不确定分布及其变化规律。

(2)建立了空域拥挤风险预测模型及方法，分别结合确定性和不确定性空域容量预测，预测并界定了高风险拥挤空域扇区和时段。针对交通需求与容量的不确定问题，通过空域拥挤风险预测模型及方法将两者相关联，建立了符合运行实际的空域拥挤风险概率预测方法。通过仿真研究表明，概率空域拥挤管理下的空域拥挤风险预测可以分析不确定性因素对空中交通需求与空域容量的影响，充分掌握两者的变化与匹配，从而确定未来一段时间内空域范围中可能发生的空域拥挤问题。

(3)建立了基于局部优化的空域拥挤风险解决模型与算法,针对高风险空域范围及时段,从运行成本与运行风险平衡性角度出发,初次优化了空域拥挤风险解决方案。基于局部优化的空域拥挤风险解决模型与算法从空域运行成本与运行风险的平衡性出发,综合处理空域内发生拥挤后续可能性、全体航班的总延误时间、不同空域用户延误分配公平性以及解决策略的影响等多个目标,并利用了高维多目标优化的 NSGA2 改进算法对其进行求解,获得空域拥挤风险解决策略的初次优化方案。基于实际航班数据进行仿真结果表明,所建模型及算法不仅能在合理的时间内为空域内航空器找到较优离场时间和较优飞行路径,还能降低空域拥挤后续发生的可能性和全体航空器的运行成本,提高空域用户延误分配的公平性,降低对原有航空器飞行计划的影响程度,使交通需求更符合实际情况,缓解了空域拥挤现象。

(4)建立了基于全局优化的空域拥挤风险解决模型,从整体上平衡了目标空域各扇区的交通流,解决了交通流全局分布及各扇区的运行负荷等问题,二次优化了空域拥挤风险解决策略,实现了全局交通流的平衡与协调。基于全局优化的空域拥挤风险解决模型可以从空域运行的全局出发,进一步优化已有的空域拥挤风险解决策略,并利用多目标遗传算法,从交通需求和管制员负荷等角度建模,调整航空器飞行路径与起飞时间,确定最终的空域拥挤风险解决策略,缓解了空域拥挤风险。

(5)解决了空域拥挤风险解决策略实施时间和空域拥挤风险概率阈值决策问题。通过选取符合实际运行需要的风险损失评价指标,建立了空域拥挤风险评价模型和空域拥挤风险管理决策方法,可以选择较为适宜的空域拥挤风险解决策略实施时间和空域拥挤风险概率阈值。仿真研究表明,模型可以综合考虑整个空域拥挤程度、航空器空中延误和地面延误的成本等指标,并基于决策树方法,对不同空域拥挤风险解决策略实施时间和的损失进行计算获得较为适宜的空域拥挤风险解决策略实施时间和空域拥挤风险概率阈值。

6.2 研究局限与展望

本书对流量管理的关键技术进行了深入的研究,在此基础上未来的研究工作应着眼于以下三个方面:

(1)空域扇区概率需求预测只对扇区交通需求进行统计分析,下一步研究将基于更加全面可靠的运行数据,从更微观的角度分析交通流组织过程中各种不确定性因素的影响，量化航空器飞行变化对交通需求预测造成的不确定影响。

(2)空域拥挤风险预测只从扇区的角度进行了研究，下一步将对基于对空域运行过程中各类空域单元的耦合关系进一步进行解析，然后建立多种空域类型相互关联下的空域拥挤风险预测方法，实现空域拥挤风险预测范畴更加灵活、更加复杂。

(3)人的因素在空中交通管理过程中的作用日益突出，空域拥挤风险管理中的交通需求预测与运行风险控制问题都需要与之相关联，因此更加深入地探讨人为因素在空域拥挤风险预测、解决和决策各个过程的作用，这也是今后研究的重点之一。

(4)本书是在国外已有成果的基础上，与我国空域运行管理初步结合下的研究成果，未来将在此基础上，继续深入探讨我国空管体制改革和军、民航发展的实际需要，并将其融合至空域拥挤风险管理理论方法和应用系统开发等方面，深化研究具有中国特色的空域拥挤风险管理系统。

参考文献

[1] 中国民航局发展计划司. 2018 年民航机场生产统计公报[Z]. 北京：中国民航局，2018.

[2] 中国民航局. 2010—2015 年中国民用航空行业深度评估及投资前景预测报告[Z]. 北京：中国民航局，2010.

[3] 南京航空航天大学. 空域与飞行流量协同运行管理技术研究[R]. 南京：南京航空航天大学国家空管飞行流量管理技术实验室，2013.

[4] 南京航空航天大学. 协同流量管理核心技术（空域容量评估）研究报告[R]. 南京：南京航空航天大学国家空管飞行流量管理技术实验室，2013.

[5] 南京航空航天大学. 中南地区空中交通流量管理需求书[R]. 南京：南京航空航天大学国家空管飞行流量管理技术实验室，2013.

[6] VANDEVENNE H, LIPPERT M A. Evaluation of Runway-Assignment and Aircraft-Sequencing Algorithms in Terminal Area Automation[J]. The lincoln laboratory journal, 1994, 7(02): 215-238.

[7] WILLIAMS D H, GREEN S M. Flight Evaluation of Center-TRACON Automation System Trajectory Prediction Process [R]. NASA, TP-1998-208439, Langley Research Center, Hampton Virginia 23681-2199, 1998.

[8] PUJET N, DELCAIRE B, FERON E. Input-Output Modeling and Control of the Departure Process of Congested Airports[C]. AIAA, The AIAA Guidance, Navigation and Control Conference. Portland, Oregon: AIAA, 1999.

[9] EVANS J E. Tactical Weather Decision Support to Complement "Strategic" Traffic Flow Management for Convective Weather[C]. 4th USA/Europe Air Traffic Management R&D Seminar, Santa Fe: FAA, 2001:1-10.

[10] MULLER K T, SORENSEN J A, COULURIS G J. Strategic Aircraft Trajectory Prediction Uncertainty and Statistical Sector Traffic Load Modeling[C]. AIAA, AIAA Guidance, Navigation, and Control Conference and Exhibit, Canada, Monterey: AIAA, 2002: 6-15.

[11] MUELLER E R, CHATTERJI G B. Analysis of Aircraft Arrival and Departure Delay Characteristics. Aircraft Technology[C]. AIAA, The Integration, and Operations Technical Forum, Los Angeles: AIAA, 2002:1-14.

[12] KROZEL J, ROSMAN D, GRABBLE S R. Analysis of En Route Sector Demand Error Sources[C]. AIAA, AIAA Guidance Navigation and Control Conference and Exhibit, Canada, Monterey: AIAA, 2002:1-11.

[13] SWIERSTRA S, GREEN S M. Common Trajectory Prediction Capability for Decision Support Tools[C]. NASA, The 5th USA/Europe Air Traffic Management R&D Seminar, Budapest: NASA, 2003:25-37.

[14] GONG C, MCNALLY D. A Methodology for Automated Trajectory Prediction Analysis [C]. AIAA, The AIAA Guidance Navigation and Control Conference and Exhibit, USA, Rhode Island: AIAA, 2004: 1-14.

[15] LYMPEROPOULOS I, LYGEROS J, LECCHINI A. Model Based Aircraft Trajectory Prediction during Takeoff[C]. AIAA, The AIAA Guidance Navigation and Control Conference and Exhibit. USA, Colorado: AIAA, 2006:1-12.

[16] Volpe National Transportation Systems Center. Enhanced Traffic Management System (ETMS) Reference Manual [Z]. U. S. :Department of Transportation,2002.

[17] LARRY M. Probabilistic Methods for Air Traffic Demand Forecasting[C]. AIAA, The AIAA Guidance, Navigation, and Control Conference and Exhibit, Canada, Monterey: AIAA, 2002: 5-8.

[18] MUELLER K T, SORENSON J A, COULURIS G J, et al. Strategic Aircraft Trajectory Prediction Uncertainty and Statistical Sector Traffic Load Modeling[C]. AIAA, The AIAA Guidance, Navigation, and Control Conference and Exhibit, Canada, Monterey: AIAA, 2002: 1-11.

[19] SRIDHAR B, SONI T, SHETH K, et al. An Aggregate Flow Model for Air Traffic Management. AIAA[C] , The AIAA Guidance, Navigation and Control Conference, USA, Providence: AIAA, 2002:1-13.

[20] ROY S, SRIDHAR B, VERGHESE G C. An Aggregate Dynamic Stochastic Model for Air Traffic Control[C]. FAA& Eurocontrol, The 5th USA/Europe ATM 2003 R&D Seminar. Budapest: FAA & Eurocontrol, 2004:1-10.

[21] WANKE C, CALLAHAM M, GREENBAUM D, et al. Measuring Uncertainty in Airspace Demand Predictions for Traffic Flow Management Applications[C]. AIAA, The 2003 AIAA Guidance, Navigation, and Control Conference and Exhibit, USA, Austin: AIAA, 2003:11-14.

[22] MENON P K, SWERIDUK G D, BILIMORIA K D. New Approach for Modeling, Analysis and Control of Air Traffic Flow[J]. Guidance, control, and dynamics, 2003, 27(05): 737-744.

[23] WANKE C, MULGUND S, GREENBAUM D, et al. Modeling Traffic Prediction Uncertainty for Traffic Management Decision Support[C]. AIAA, The AIAA Guidance, Navigation, and Control Conference and Exhibit, USA, Providence: AIAA, 2004:16 -19.

[24] GRABBE S, SRIDHAR B. Congestion Management with an Aggregate Flow Model[C]. AIAA, The AIAA Guidance, Navigation, and Control Conference and Exhibit, USA, San

Francisco: AIAA, 2005: 1-14.

[25] GILBO E, SMITH S. A New Model to Improve Aggregate Air Traffic Demand Predictions [C]. AIAA, The AIAA Guidance, Navigation, and Control Conference and Exhibit, Hilton Head: AIAA, 2007: 1-11.

[26] GILBO E, SMITH S. Probabilistic Prediction of Aggregate Traffic Demand Using Uncertainty in Individual Flight Predictions[C]. AIAA, The AIAA Guidance, Navigation, and Control Conference, USA, Chicago: AIAA, 2009: 1-20.

[27] SUN D, SRIDHAR B, GRABBE S. Disaggregation Method for an Aggregate Traffic Flow Management Model[J]. Guidance, Control, and Dynamics, 2010, 33(03): 666-676.

[28] GILBO E P, SMITH S B. New Method for Probabilistic Traffic Demand Predictions for En Route Sectors Based on Uncertain Predictions of Individual Flight Events[C]. FAA& Eurocontrol, The Ninth USA/Europe Air Traffic Management Research and Development Seminar (ATM2011), Berlin: FAA& Eurocontrol, 2011: 1-11.

[29] ROY S, SRIDHAR B, VERGHESE G C. An Aggregate Dynamic Stochastic Model for an Air Traffic System[C]. FAA & Eurocontrol, The 5th USA/Europe Air Traffic Management R&D Seminar, Hungary, Budapest: FAA & Eurocontrol, 2003: 1-10.

[30] HOFFMAN R, KROZEJ J, DAVIDSON G, et a1. Probabilistic Scenario-Based Event Planning for Traffic Flow Management[C]. AIAA, The AIAA Navigation and Control Conference and Exhibit, USA, Hilton Head: AIAA, 2007: 1-11.

[31] LIU P B, HANSEN M, MUKHERJEE A. Scenario-based Air Traffic Flow Management-from Theory to Practice[J]. Transportation Research, 2008, Part B (42):685-702.

[32] MULGUND S, WANKE C, GREENBAUM D,et a1. A Genetic Algorithm to Probabilistic Airspace Congestion Management[C]. AIAA, The AIAA Guidance, Navigation, and Control Conference and Exhibit, USA, Keystone: AIAA, 2006:1-17.

[33] SOOD N, MULGUND S, WANKE C,et a1. A Multi-Objective Genetic Algorithm for Slov-ing Airspace Congestion Problems[C]. AIAA, The AIAA Guidance, Navigation, and Control Conference and Exhibit, USA, Hilton Head: AIAA, 2007: 1-28.

[34] DEARMON J, WANKE C, GREENBAUM D. Probabilistic TFM- Preliminary Benefits Analysis of an Incremental Solution Approach [R]. MITRE/CAASD Report 07-0168, McLean: MITRE/CAASD, 2007.

[35] WANKE C, GREENBAUM D. Incremental, Probabilistic Decision Making for En Route Traffic Management[R]. MITRE/CAASD Report, 2007.

[36] TAYLOR C, WANKE C. A Generalized Random Adaptive Search Procedure for Solving Airspace Congestion Problems [C]. AIAA, The AIAA Guidance Navigation and Control Conference and Exhibit, Honolulu: AIAA, 2008: 1-20.

[37] ZOBELL S, WANKE C, SONG L. Continual Probabilistic Airspace Congestion Manage-

ment[C]. AIAA, The AIAA Guidance, Navigation and Control Conference, USA, Chicago: AIAA, 2009: 1-13.

[38] 杨兆升,朱中.基于卡尔曼滤波理论的交通流量实时预测模型[J].中国公路学报,1999,12(03):63-67.

[39] 戴施华,周欣荣.Kalman 滤波理论在短时交通预测上的应用[J].哈尔滨商业大学学报,2005,21(06):728-730.

[40] 张晓利,贺国光.考虑交通吸纳点的非参数回归组合型短时交通流预测方法[J].系统工程,2006,24(12):21-25.

[41] 黄大荣,宋军,汪达成,等.基于 ARMA 和小波变换的交通流预测模型研究[J].计算机工程与应用,2006,42(36):191-194.

[42] 杨芳明,朱顺应.基于小波的短时交通流预测[J].重庆交通学院学报,2006,25(03):100-102.

[43] 姚智胜,邵春福,熊志华.基于小波包和最小二乘支持向量机的短时交通流组合预测方法研究[J].中国管理科学,2007,15(01):64-68.

[44] CHENG T Y, CUI D G, CHENG P. Data Mining for Air Traffic Flow Forecasting: A Hybrid Model of Neural-Network and Statistical Analysis[C]. IEEE, The 2003 IEEE International Conference on Intelligent Transportation Systems, China, Shanghai: IEEE, 2003: 211-215.

[45] 由嘉.基于神经网络技术的空中交通管制辅助支持决策系统[D].西安:西北工业大学,2005.

[46] 王大海.末端区域 4D 导引的水平轨迹计算方法[J].飞行力学,1996,14(03):27-33.

[47] 王大海,苏彬,杨俊.终端区域 4D 导引的高度剖面与速度剖面研究[J].飞行力学,2000,18(01):14-18.

[48] 徐肖豪,刘建国.空中交通管制中轨迹预测的相互作用多模型算法的设计[J].中国民航学院学报,2001,19(02):6-9 .

[49] 徐肖豪,杨国庆,刘建国.空管中飞行轨迹预测算法的比较研究[J].中国民航学报,2001,19(06):1-6.

[50] 徐肖豪,杨国庆,刘建国.空管中轨迹预测的一种变结构 IMM 算法[J].交通运输工程与信息学报,2003,1(01):70-74.

[51] 高彦杰,徐肖豪,杨国庆.飞行轨迹预测的两种变结构 IMM 算法[J].中国民航学院学报,2003,21(06):1-5.

[52] 刘玉梅.基于最小二乘估计原理的飞机流量预测[J].中国民航学院学报,2003,21(04):20-23.

[53] 崔德光,吴淑宁,徐冰.空中交通流量预测的人工神经网络和回归组合方法[J].清华大学学报,2005,45(01):96-99.

[54] 彭瑛,胡明华,张颖.动态航迹推测方法[J].交通运输工程学报,2005,5(01):61-65.

[55] 郭运韬,朱衍波,黄智刚.民用飞机航迹预测关键技术研究[J].中国民航大学学报,2007,25(01):20-24.

[56] 瞿英俊.空中交通流量动态预测与分析研究[D].南京:南京航空航天大学,2008.

[57] 殷允楠.空中交通流量统计预测技术研究[D].南京:南京航空航天大学,2010.

[58] 田文,胡明华.空域扇区概率交通需求预测模型[J].西南交通大学学报,2011,46(2):340-346.

[59] 徐肖豪,韩峰,戴福青.空中交通流量统计和预测系统的设计与实现[J].中国民航学院学报,2005,23(04):1-5.

[60] 由嘉,白存儒,陶冶,等.基于神经网络的空中交通管制决策支持系统[J].计算机仿真,2006,23(04):245-247.

[61] 徐冰,崔德光.空中交通流量管理预测分析系统的研究与开发[J].科学技术与工程,2006,6(07):840-847.

[62] 吕小平.中国民航新一代空中交通管理系统发展总体框架[J].中国民用航空,2007,08(80):24 -26.

[63] 田勇.空中交通流量管理关键技术研究[D].南京:南京航空航天大学,2009.

[64] 胡明华.空中交通流量管理理论与方法[M].北京:科学出版社,2010.

[65] ICAO DOC4444,空中交通服务规则[S]. 蒙特利尔:国际民航组, 1999.

[66] CCAR-93TM-R2,中国民用航空空中交通管理规则[S].北京:中国民用航空总局,2000.

[67] 张颖.多层级多元受限战术流量管理关键技术研究[D].南京:南京航空航天大学,2014.

[68] TIAN W, HU M H. The Application of Multi-objective Generic Algorithm in the Airspace Flow Program[C]. ICTE, The 2nd International Conference on Transportation Engineering, Chengdu: ICTE, 2009: 2219-2224.

[69] 田文,胡明华.多目标流量管理优化模型及算法研究[J].系统工程学报,2011,26(04):442-450.

[70] TIAN W, HU M H. Study of Air Traffic Flow Management Optimization Model and Algorithm Based on Multi-Objective Programming[C]. ICCMS, The ICCMS 2010 - 2010 International Conference on Computer Modeling and Simulation, Sanya: ICCMS, 2010: 210-214.

[71] 田文,胡明华.概率空域拥挤管理模型与方法研究[J].山东大学学报(工学版),2010,40(06):41-47.

[72] 田文,胡明华.空域拥挤风险管理时间决策模型与方法[J].南京航空航天大学学报,2011,43(04):565-571.

[73] 董襄宁,赵征,张洪海.空中交通管理基础[M].北京:科学出版社,2011.

[74] 邓铁军.工程风险管理[M].北京:人民交通出版社,2004.

[75] ADAMS G W, CAMPBELL M. Where Are You on the Journey to ERM[J]. Risk management, 2005,3: 8-11.

[76] 尹嘉男.复杂机场飞行区运行管控方法研究[D].南京:南京航空航天大学,2016.

[77] JAAFARI A. Management of Risks, Uncertainties and Opportunities on Projects: Time for a Fundamental Shift[J]. International journal of project management, 2001, 19: 89-101.

[78] STEYN H. Project Management Applications of the Theory of Constraints Beyond Critical Chain Scheduling[J]. International journal of project management, 2002, 20: 75-80.

[79] TAH J H M, CARR V. Towards a Framework for Project Risk Knowledge Management in the Construction Supply Chain[J]. Advances in engineering software , 2001, 32: 10-11.

[80] 马园园.多机场终端区进离场交通流协同管理方法研究[D].南京:南京航空航天大学,2016.

[81] BELZER R B. Getting Beyond 'Grin and Bear It' in the Practice of Risk Management[J]. Reliability Engineering and System Safety, 2001, 72(02): 137-148.

[82] LYONS T, SKITMORE M. Project Risk Management in the Queensland Engineering Construction Industry: a Survey[J]. International journal of project management, 2004, 22: 51-61.

[83] MULHOLLAND B, CHRISTIAN J. Risk Assessment in Construction Schedules[J]. Joumal of construction and management, 1999, 125(01): 8-15.

[84] STEYN H. Project Management Applications of the Theory of Constraints beyond Critical Chain Scheduling[J]. International journal of project management, 2002,20: 75-80.

[85] TAH J H M, CARR V A. Proposal for Construction Project Risk Assessment Using Fuzzy Logic[J]. Journal of construction management and economics, 2000, 18: 491-500.

[86] MAK S, PICKEN D. Using Risk Analysis to Determine Construction Project Contingencies [J]. Journal of construction engineering and management, 2000, 2: 130-136.

[87] FLANAGN R, NORMAN G. Risk Management and Construction[J]. Blackwell scientific publication, 1993: 4-21.

[88] 范道津,陈伟珂.风险管理理论与工具[M].天津:天津大学出版社,2010.

[89] JO1100.1B, Organization- Policies and Standards[S]. Federal Aviation Administration, 2015.

[90] JO1100.2C, Organization-FAA Headquarters[S]. Federal Aviation Administration,2015.

[91] JO1100.5C, FAA Organization-Field[S]. Federal Aviation Administration,2015.

[92] JO 7210.793, Traffic Flow Management (TFM) System[S]. Federal Aviation Administration, 2015.

[93] 胡明华,张洪海.世界空管概况及发展趋势[M].北京:科学出版社,2017.

[94] 张洪海.空中交通流量协同管理[M].北京:科学出版社,2016.

[95] BERTISMAS D J, STOCK S. The Air Traffic Flow Management Problem with Enroute Capacities[J]. Operations research, 1998, 46(03):406-422.

[96] VRANAS P B, BERTSIMAS D J, A. R. Odoni. The Multi-airport Ground-holding Problem in Air Traffic Control[J]. Operations research, 1994, 42(02):249-261.

[97] ANDREATRA G, BRUNETTA L. Multi-airport Ground-holding Problem: A Computational Evaluation of Exact Algorithms[J]. Operations research, 1998, 46(01):57-64.

[98] VRANAS P B. Optimal Slot Allocation for European Air Traffic Flow Management[J]. Air traffic control quarterly, 1997, 04: 249-280.

[99] ODONI A R. The Flow Management Problem in Air Traffic Control Flow Control of Congested Networks[M]. Berlin: Springer, 1987.

[100] HU X B, CHEN W H. Receding Horizon Control for Aircraft Arrival Sequencing and Scheduling[J]. IEEE transactions on intelligent transportation systems, 2005, 6: 189-197.

[101] Walid Tfaili, Patrick Siarry. A New Charged Ant Colony Algorilhm for Continuous Dynamic Optimization[J]. Applied mathematics and computation, 2008, 197: 604-613.

[102] HU X B, EZEQUIEI D P. An Efficient Genetic Algorithm with Uniform Crossover for Air Traffic Control[J]. Computers& operations research, 2009, 36: 245-259.

[103] HU X B, CHEN W H. Genetic Algorithm Based on Receding Horizon Control for Arrival Sequencing and Scheduling[J]. Journal of engineering applications of artificial intelligence, 2005, 18: 633-642.

[104] HU X B, EZEQUIEL D P. Binary-Representation-Based Genetic Algorithm for Aircraft Arrival Sequencing and Scheduling[J]. IEEE transactions on intelligent transportation systems, 2008, 9: 301-310.

[105] DIXON M. Automated Aircraft Routing Through Weather Impacted Airspace[C]. American Meteorological Society, The Fifth International Conference on Aviation Weather Systems. Vienna: American Meteorological Society, 1993: 295-298.

[106] KROZEL J, WEIDNER T, HUNTER G. Terminal Area Guidance Incorporating Heavy Weather[C]. AIAA, The AIAA Guidance, Navigation and Control Conference, USA, New Orleans: AIAA, 1997: 411-421.

[107] KROZEL J, LEE C, MITCHELL J S B. Estimating Time of Arrival in Heavy Weather Conditions[C]. AIAA, The AIAA Guidance, Navigation and Control Conference, USA, Portland: AIAA, 1999: 1481-1495.

[108] 宋柯. 空中交通流量管理改航策略初步研究[D]. 南京:南京航空航天大学,2002.

[109] KROZEL J. Comparison of Algorithms for Synthesizing Weather Avoidance Routes in Transition Airspace[C]. AIAA, The AIAA Guidance, Navigation and Control Conference, USA, Providence: AIAA, 2004: 1-16.

[110] SRIDHAR B. Integration of Traffic Flow Management Decisions[C]. AIAA, The AIAA Guidance, Navigation and Control Conference, Canada, Monterey: AIAA, 2002: 1-9.

[111] LOVE W. Assessment of Prediction Error Impact on Resolutions for Aircraft and Severe Weather Avoidance[C]. AIAA, The 4th Technology, Integration, and Operations Forum,

USA, Chicago: AIAA, 2004: 1-10.

[112] LI X. Establishment of Flight Rerouting Area and Air Route Planning Based on Convey Polygon[C]. CCDC, The 2008 Chinese Control and Decision Conference, China, Yantai: CDDC, 2008: 2999-3004.

[113] ATKINS S. Concept Description and Development Plan for the Surface Management System[J]. Air Traffic Control, 2002, 44(01): 1-8.

[114] ATKINS S, WALTON D. Functionalities, Displays and Concept of Use for the Surface Management System[C]. AIAA, The 21st AIAA/IEEE Digital Avionics Systems Conference, USA, Irvine: AIAA, 2002: 1-8.

[115] LOCKWOOD S, ATIKINS S, DOUGHI N. Surface Management System Simulations in NASA's Future Flight Central[C]. AIAA, The AIAA Guidance, Navigation and Control Conference, Canada, Monterey: AIAA, 2002.

[116] ATKINS S, BRINTON C, WALTON D. Functionalities, Displays and Concept of Use for the Surface Management System[C]. The 21st Digital Avionics Systems Conference, USA, Irvine: ALR International, 2002: 1-12.

[117] SPENCER A, SMITH P, BILLINGS C, et a1. Decision Support Tools to Assist in Airport Surface Management[C]. IEEE, The Systems, Man and Cybernetics Conference 2003, IEEE, Washington D. C.: IEEE, 2003: 1606-1611.

[118] MOERTL P M, HITT J M, Factors for Predicting Airport Surface Characteristics and Prediction Accuracy of the Surface Management System[C]. IEEE, The Systems, Man and Cybemetics IEEE International Conference, Washington D. C.: IEEE, 2003: 3798-3803.

[119] WALTON D, QUINN C, ATKINS S. Human Factors Lessons Learned from a Surface Management System Simulation[C]. AIAA, The AIAA Aviation Technology Integration and Operations Conference, Los Angeles: AIAA, 2002.

[120] DIJKSTRA E W. A Note on Two Problems in Connection with Graph Theory[J]. Numerische mathematik, 1959, 1: 269-271.

[121] BRINTON C, KROZEL J, CAPOZZI B. Improved Taxi Prediction Algorithms for the Surface Management System[C]. AIAA, The AIAA Guidance, Navigation and Control Conference and Exhibit, Canada, Monterey: AIAA, 2002.

[122] 刘思峰.管理预测与决策方法[M].北京:科学出版社,2008:10-12.

[123] 阎威,张兆宁.空中交通数据统计分析软件的研究与开发[M].控制工程,2007,1:139-141.

[124] CHENG T Y, CUI D G, CHENG P. Data Mining for Air Traffic Flow Forecasting: A Hybrid Model of Neural Network and Statistical Analysis[C]. IEEE, The 2003 IEEE International Conference on Intelligent Transportation Systems, Shanghai: IEEE, 2003:

211-215.

[125] 邓聚龙.灰预测与灰决策[M].武汉:华中科技大学出版社,2000:30-35.

[126] 刘思峰,邓聚龙.GM(1,1)模型的适用范围[J].系统工程理论与实践,2000,5:122-124.

[127] 崔逊学.多目标进化算法及其应用[J].北京:国防工业出版社,2006:4-6.

[128] VELDHUIZEN D, LAMOUNT G B. Multi-Objective Evolutionary Algorithm: Analyzing the State-of-the-art[J]. IEEE transaction on evolutionary computation, 2000, 18(02):125-147.

[129] DED K, RAO U B, KARTHIK S. Dynamic Multi-objective Optimization and Decision-making Using Modified NSGA2: A Case Study on Hydro-thermal Power Scheduling[C]. The Evolutionary Multi-cirterion Optimization. Berlin: Springer-Verlat, 2007: 803-817.

[130] DED K, PRATAP A, AGARWAL S, et al. A Fast, Elitist Multi-objective Genetic Algorithms: NSGA2 [J]. IEEE transaction on evolutionary computation, 2002, 6 (02): 182-197.

[131] VILLASANTI C M, LUKEN C V, BARAN B. Dispatch of Hydroelectric Generating Units Using Multi-objective Evolutionary Algorithms[C]. IEEE, The IEEE/PEA Transmission and Distribution Conference and Exposition, Brazil: IEEE, 2004:929-934.

[132] ZITZLER E, THIELE L. Multi-objective Evolutionary Algorithms: A Comparative Case Study and the Strength Pareto Approach[J]. IEEE transaction on evolutionary computation, 1999, 3(4): 257-271.

[133] RUGHOOPUTH H C S, KING A. EnvironmentalEconomic Dispatch of Thermal Units Using an Elitist Multi-objective Evolutionary Algorithm[C]. ICIT, The IEEE ICIT 2003, Maribor: ICIT, 2003: 48-53.

[134] ABIDO M A. Environment Economic Power Dispatch Using Multi-objective Evolutionary Algorithms[C]. IEEE transactions on power systems, 2003, 18(04):1529-1537.

[135] ABIDO M A. Multi-objective Evolutionary Algorithm for Electric Power Dispatch Problem [J]. IEEE transactions on ebolutionary computation, 2006, 10(03): 315-329.

[136] GCELLI G, GHIANI E, MOCCI S, et al. A Multi-objective Evolutionary Algorithm for the Sizing and Siting of Distributed Generation[J]. IEEE transactions on power systems, 2005, 20(02): 750-757.

[137] MENDOZA F, BERNAL-AGUSTIN J L, DOMING-NAVARRO J A. NSGA, SPEA Applied to Multi-objective Design of Power Distribution Systems[J]. IEEE transactions on power systems, 2006, 21(04): 1938-1945.

[138] HORN J, NAFPLIONTIS N, GOLDBERG D E. A Niched Pareto Genetic Algorithm for Multi-objective Optimization[C]. The First Conference on Evolutionary Computation, Piscataway, 1994:82-87.

[139] WANG Z H, YIN X G, ZHANG Z, et al. Pseudo-Parallel Genetic Algorithm for Reactive

Power Optimization[C]. IEEE, The Power Engineering Society General Meeting, Toronto: IEEE, 2003: 903-907.

[140] LEI D M, WU Z M. Tabu Search-based Approach to Multi-objective Machine-part Cell Formation[J]. International journal of production research, 2005, 43(24): 5241-5252.

[141] HUNG M H, SHU L S,et al. A Novel Intelligent Multi-objective Simulated Annealing Algorithm for Designing Robust PID Controllers[J]. IEEE transactions on systems, man and cybernetics, 2008, 38(02): 319-329.

[142] DEB K, SUNDAR J. Reference Point Based Multi-Objective Optimization Using Evolutionary Algorithms[J]. International journal of computational intelligence research, 2006, 2(03): 273-286.

[143] 邓国强.基于参考点的演化多目标优化算法及性能评价研究[D].武汉:武汉理工大学,2007.

[144] BERTSIMANS D, LULLI G, ODONI A. The Air Traffic Flow Management Problem: An Integer Optimization Approach[J]. Computer Science, 2008, 5035:34-46.

注 释 表

术 语	释 义
ASM	空域管理
ATC	空中交通管制
ATM	空中交通管理
ACC	区域管制中心
ARTCC	航路交通管制中心
ATCSCC	空中交通管制系统指挥中心
ATCT	机场管制塔台
ATFM	空中交通流量管理
ATFMC	空中交通流量管理中心
ATMC	空中交通管理中心
CDM	协同决策机制
CFMU	中央流量管理中心
CNS/ATM	通信、导航、监视/空中交通管理
DPGA	基于距离的 Pareto 遗传算法
DWH	存档系统
ETMS	增强型交通管理系统
ENV	空中交通服务环境系统
Eurocontrol	欧洲安全航行组织
FAA	美国联邦航空局
FDMS	飞行数据管理系统
FIS	飞行情报服务
FMP	流量管理席位
FMU	流量管理单元
GA	遗传算法
ICAO	国际民航组织

续上表

术　语	释　义
IFPS	初始飞行计划综合处理系统
IFPUV	初始飞行计划综合处理确认系统
LAT	提前预测时间
Micro-GA	微遗传算法
MMOSGA	孟德尔多目标简单遗传算法
MOGA	多目标遗传算法
MOGLSA	多目标遗传局部搜索算法
MOMGA	多目标杂乱遗传算法
MOMGA-II	改进型多目标杂乱遗传算法
MOP	多目标优化问题
MOOP	高维多目标优化问题
NAS	国家空域系统
NGATM	新一代空中交通管理系统
NPGA	小生境 Pareto 遗传算法
NSGA	非劣分类遗传算法
PAES	Pareto 存档进化策略
PESA	Pareto 包络选择算法
PREDICT	预战术系统
RPL	重复飞行计划系统
SPEA	强度 Pareto 进化算法
TFM	交通流量管理
TMU	交通管理单元
TRACON	终端雷达管制中心
VEGA	向量评估遗传算法

图表索引